Königsbrunner und Kissinger Heide

Fritz Hiemeyer

Königsbrunner und Kissinger Heide
Juwelen vor den Toren Augsburgs

Naturführer

Herausgeber: Naturwissenschaftlicher Verein für Schwaben e.V.
Berichte des Naturwissenschaftlichen Vereins für Schwaben – Sonderbericht 2002

Wißner

Abbildung vordere Umschlagseite
Großes Bild: Sumpfgladiole
Kleines Bild oben: Echte Mondraute
Kleines Bild unten: Dunkler Wiesenknopf-Ameisenbläuling

Abbildung hintere Umschlagseite
Großes Bild: Sommerliche Blütenpracht auf der Königsbrunner Heide
Kleines Bild oben: Stengelloser Enzian, Kissinger Heide
Kleines Bild unten: Auf der Kissinger Heide, nach Pflege

Die Deutsche Bibliothek – CIP-Einheitsaufnahme

Hiemeyer, Fritz:
Königsbrunner und Kissinger Heide – Juwelen vor den Toren Augsburgs. Naturführer / Fritz Hiemeyer. – Augsburg : Wißner, 2002
(Berichte des Naturwissenschaftlichen Vereins für Schwaben – Sonderbericht 2002)
ISBN 3-89639-335-9

Dem Andenken
an meinen botanischen Lehrer

Dr. Ernst Nowotny
aus Braunau (Sudetenland)

Dr. Eberhard Pfeuffer, Vorsitzender des Naturwissenschaftlichen Vereins für Schwaben, hat mit seinem Beitrag über die Fauna der beiden Heiden ganz wesentlich zur Ergänzung und Vervollständigung des Buches beigetragen.

Dr. Norbert Müller hat in den vergangenen zwei Jahrzehnten die Königsbrunner Heide vorbildlich betreut. Er war Verantwortlicher im Amt für Umweltschutz und Grünordnung der Stadt Augsburg.

Unser Dank gilt Herrn **Albert Teichner**. Aus dem Sudetenland stammend und in Königsbrunn aufgewachsen, hat er mit seiner Liebe zur Königsbrunner Heide manche Anregungen gegeben und auch dank seiner technischen Fähigkeiten Hervorragendes geleistet.

Nicht zuletzt danken wir unserem botanischen Freund Herrn **Alfred Neff** für seinen Einsatz zur wohlgelungenen Ausstattung des Werkes.

Dieser Naturführer wurde durch die
Huber-Stiftung finanziell unterstützt.
Wir danken dafür herzlich.

Inhalt

Bildteil

Königsbrunner und Kissinger Heide

Juwelen vor den Toren Augsburgs

Es sind wahre Kleinodien, unsere Lechheiden, die uns vom Frühling bis Herbst mit ihrer Blütenpracht erfreuen.

Sie stellen nur kleine Restflächen dar, die aus vergangenen Zeiten erhalten geblieben sind. Vor Jahrzehnten waren es noch weite Bereiche im Lechtal, die den Besucher erfreuten. Heute werden diese Reste ursprünglicher Naturlandschaft sorgsam gepflegt. Dabei hat fast jede der Heiden ihr eigenes Gepräge. Räumliche Größe, mikroklimatische Einflüsse, Schichtung und Aufbau der Bodenunterlage sowie die Beziehung zum Grundwasser sind dafür verantwortlich.

Zwei unserer schönsten Heiden sollen mit ihrer Vielfalt seltener Pflanzenarten herausgestellt werden, die Königsbrunner und die Kissinger Heide.

Wertvolle floristische Magerrasen mit ihren Auensäumen sind auch letzte Zufluchtsstätten für eine gefährdete Kleintierwelt. Schmetterlinge, Heuschrecken, Käfer und weitere vom Aussterben bedrohte Insekten sollen in Bild und Wort in einem weiteren Abschnitt dargestellt werden.

Einem Kreis von Freunden heimatlicher Natur die Schönheit der Schöpfung zu zeigen ist der Grund, dieses kleine Bilderbuch herauszugeben. Immer wieder war es ein Erlebnis zu beobachten, mit welcher Freude – manchmal ist es Andacht zu nennen – die Besucher unserer Heiden diesen Reichtum bewundern.

Da kommt es oft vor, dass in einem mitgeführten Pflanzenbuch geblättert und gesucht wird. Auf die Frage, ob man helfen könne, erfährt man, dass das gesuchte Objekt nicht aufzufinden ist.

Blütenpracht auf der Königsbrunner Heide

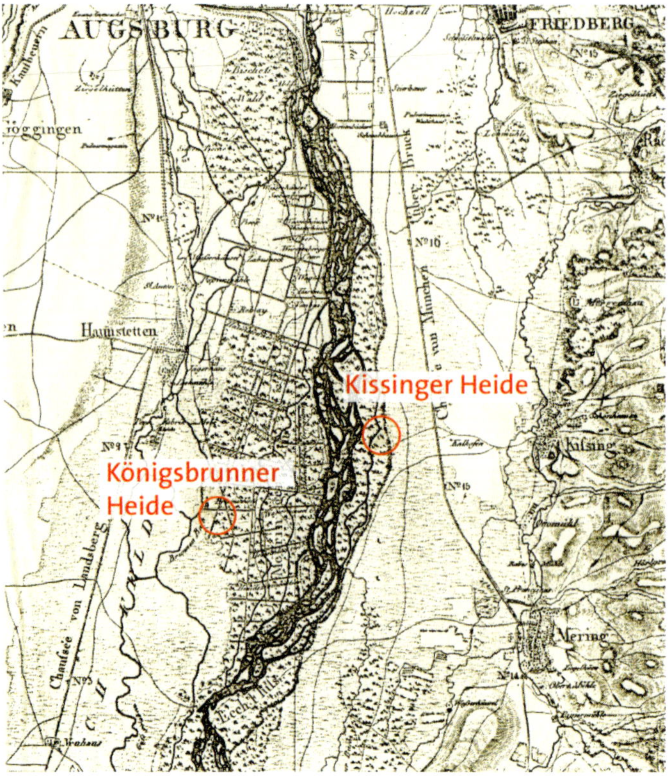

Lechauen südlich von Augsburg um 1800
(Ausschnitt Topographische Karte 1815)

Zahlreiche seltene Arten sind in den üblichen Werken nicht aufgeführt.

Mit diesem Büchlein soll ein Lücke geschlossen werden. Farbbilder, mit denen versucht wird, Unterschiede z. B. nahe verwandter Arten darzustellen, werden hier hilfreich sein. So sollen Bilder von Heideflora und -fauna zum besseren Kennenlernen unserer nahen Heimat beitragen.

Entstehung und Frühgeschichte der Heiden

Beide Heiden verdanken ihre Entstehung dem Lech; die Königsbrunner Heide westlich, die Kissinger Heide östlich des Flusses.

Wir müssen hier in der Erdgeschichte weit zurückgehen. Die Eiszeiten haben im Wechsel der Kälte- und Wärmeperioden im Laufe von zwei Millionen Jahren die Grundlage geschaffen.

In diesem Zeitraum schoben sich die Gletscher der Alpen mehrmals nach Norden vor und verfrachteten riesige Mengen von Gesteinsmaterial mit sich. Die Schmelzwasser wuschen die Schottermassen aus und brachten sie mit ins Alpenvorland. Dabei entstanden flache Gesteinswälle, die zum Teil wieder abgetragen wurden.

So führten die Schotter des Lechgletschers nach der letzten Eiszeit vor ca. 12.000 Jahren zur Ausbildung des Lechfeldes zwischen Landsberg und Augsburg. Es hatte sich eine Schotterfläche gebildet, welche die wasserundurchlässige Flinzunterlage der vorangegangenen Tertiärzeit überdeckte. Der am Alpenrand mächtige Schotterbelag dünnte sich nach Norden allmählich aus. Heute beträgt er im Raum unserer Heiden noch wenige Meter. Bei beiden Heiden ist die Bodenunterlage so die gleiche. Kleine Unterschiede bestehen lediglich im Bodenprofil. Der Lech hat sich in seinem damals weiträumigen Bett langsam und stetig nach Osten verlagert. Heute ist die Königsbrunner Heide ca. 2 km vom Fluss entfernt. Früher floss er breit-

Nordostseite der Königsbrunner Heide mit Übergang der offenen Fläche zum Kiefernwald

räumig mit zahlreichen Nebenarmen, Kiesinseln und Eintiefungen durch das Alpenvorland. Das hier entstandene unregelmäßige Bodenrelief hat die Jahrhunderte überdauert und ist auf der Königsbrunner Heide noch deutlich zu erkennen.

Im Bereich der Kissinger Heide ist dieser kleinräumige Wechsel des Bodenprofils weniger ausgeprägt. Ihr Areal lag vermutlich schon damals außerhalb der Hauptrinne des Flusses.

Ein Vergleich mit der bei der Isar gelegenen, aber nicht direkt vom Fluss betroffenen Garchinger Heide nördlich München liegt nahe. Beide Flächen zeigen fast ebenes Relief.

Ein Vergleich der beiden Heiden und ihre weitere Geschichte

Die **Königsbrunner Heide** liegt an der Südgrenze des Augsburger Stadtwaldes und ist vom Zentrum der Stadt ca. 20 km entfernt. 1975 wurde sie im Rahmen der Gebietsreform Augsburg einverleibt. Bis in die letzten Jahrhunderte war ihre Umgebung weitgehend natürliche Flusslandschaft, geprägt durch Auenwald, der zum Teil forstwirtschaftlich genutzt wurde. Menschliche Siedlungen in unmittelbarer Umgebung waren schon durch die ständig anhaltende Hochwassergefahr nicht möglich.

Die südlich anschließende weite Schotterfläche erstreckte sich als Lechfeld fast baum- und strauchlos bis in die Gegend von Landsberg. Den Viehherden der westlich des Lechfeldes gelegenen Orte zwischen Bobingen und Schwabmünchen bot sich hier karges Weideland.

In der zweiten Hälfte des vorigen Jahrhunderts wurde der Lech in diesem Bereich durch Dammbauten in sein jetziges Bett gezwungen. Das Lechfeld kam zunehmend unter den Pflug, so dass heute nur noch kleine Reste ursprünglicher Naturlandschaft wie die Königsbrunner Heide von dem floristischen wie faunistischen Artenreichtum früherer Zeiten zeugen.

Der Name Königsbrunner Heide ist erst 1959 durch Andreas Bresinsky in die wissenschaftliche Literatur eingegangen. Dies ist auffällig, da die Augsburger Floristen der Jahrhundertwende und späterer Jahre über die Pflanzenwelt sowie die wertvollen Biotope des Gebietes gut Bescheid wussten. Es war wohl so, dass damals große naturnahe Bereiche genügend vorhanden waren und man keinen Grund sah, kleinräumige Flächen abzugrenzen.

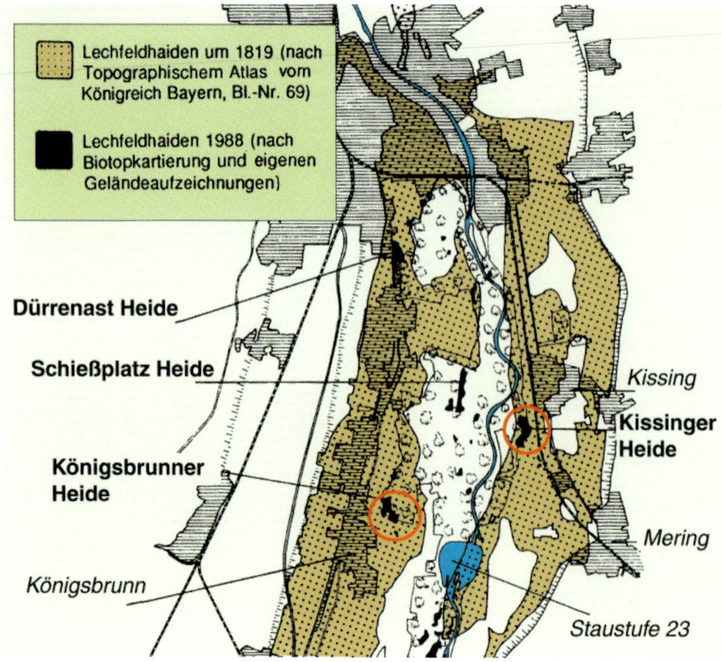

In den ersten Jahren der Nachkriegszeit lagen am Lech, aber auch anderswo, naturschützerische Belange völlig danieder. Im April 1940 wurde der Bereich des Stadtwaldes einschließlich der Königsbrunner Heide als Naturschutzgebiet ausgewiesen. Nur unter den außerordentlichen Verhältnissen der unmittelbaren Nachkriegszeit konnte es so möglich sein, dass durch eine ausgedehnte Aufforstung mit Nadelhölzern die Heide zweigeteilt wurde. Dies 5 Jahre nach Ausweisung als Naturschutzgebiet! Damals wurde zudem im Osten der Fläche ein Streifen von ca. 80 x 30 m umgepflügt und einige Jahre als Kartoffelacker benutzt. 1964 sind am Westrand der Zentralheide 2.000 Fichtenpflänzchen gesetzt worden. Sie konnten später beseitigt werden. 1980 kam in den Verbindungsstreifen zwischen Zentralheide und Hasenheide ein Wildacker zur Anlage. Der Verursacher wurde zwar zur Rechenschaft gezogen; die Kleinfläche hat sich aber nur langsam von diesem Eingriff erholt.

Die **Kissinger Heide** liegt ca. 8 km nordöstlich der Königsbrunner Heide; auch in ihrer Nähe bestanden wegen ständiger Hochwassergefahr keine menschlichen Siedlungen. Wohl immer befand sich die Fläche außerhalb der Hauptflussrinne des Lechs. Die alte Verbindungsstraße an Kissing vorbei zwischen Augsburg und München erstreckte sich wenige hundert Meter entfernt östlich davon.

1840 wurde nahe der Heide die Bahnlinie Augsburg – München gebaut. Direkt an der Bahnstrecke finden sich zwei kleine tiefer liegende, während der Bauarbeiten entstandene Flächen. Sie konnten nicht bewirtschaftet werden und haben so eine wertvolle Pflanzenwelt bewahrt . Wie die nahe gelegene Heide stehen die Areale unter Naturschutz.

Auf der Kissinger Heide bestand bis vor ca. 150 Jahren Waldweide. Auf offenen Stellen wurde bis zum Jahre 1920 herbstliche Streumahd durchgeführt. Teilbereiche sind in diesem Zeitraum aufgeforstet worden. Ähnlich wie die Königsbrunner Heide ist sie am 6.6.1941 unter Naturschutz gestellt worden. 1964 wurde der Schutz erneut bestätigt. Dr. H. Ziegenspeck, ein hervorragender Augsburger Botaniker, hatte schon vor dem letzten Krieg die Voraussetzungen dafür geschaffen.

Die neueste Geschichte zeigte wie bei der Königsbrunner Heide tiefgreifende Einschnitte. So wurde bald nach der Inschutznahme der nördliche Teilabschnitt in einer

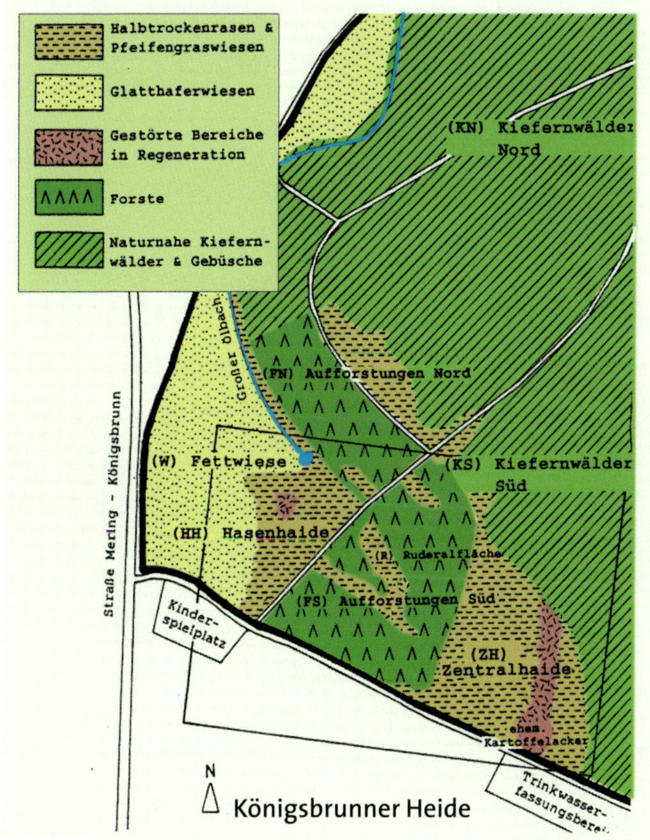

Größe von ca. 1 Hektar zum Kiesabbau freigegeben. Es handelte sich hier um eine wertvolle Orchideenfläche.

Erst 1961 ist der Abbau eingestellt worden. Mehrere landwirtschaftliche Eingriffe sind noch in den ersten Nachkriegsjahren auch hier erfolgt.

Pflegemaßnahmen für beide Heiden kamen erst später in Gang. Das Bewusstsein, letzte Reste heimatlicher Naturlandschaft zu erhalten, setzte sich erst allmählich durch. Auf der Königsbrunner Heide erfolgten 1966 durch ehrenamtliche Helfer des Naturwissenschaftlichen Vereins für Schwaben und Mitglieder der Augsburger Sektion des Alpenvereins erste Mäharbeiten; weiter wurden kleine Kiefern und Fichten entfernt.

Im Jahr 1980 begann die systematische Pflege durch das verantwortliche Amt der Stadt Augsburg, heute Amt für Grünordnung und Naturschutz: Regelmäßige Mahd, die später in abgegrenzten Teilbereichen durchgeführt wurde, und Beseitigung des nachwachsenden Buschwerkes. Eine erfolgversprechende Auslichtung der nach dem Krieg illegal gepflanzten Nadelholzflächen ist leider in den späteren Jahren zum Stillstand gekommen. 1984 wurde mit der Aushagerung eines Teiles der Hasenheide begonnen. Die südlich der Heide vorgelagerten Wiesen wurden nicht mehr gedüngt und stellen eine Pufferzone dar, die sich zu einer Magerrasenfläche entwickeln soll.

Ähnlich waren die Verhältnisse bei der Kissinger Heide. Auch hier wird seit 1980 zunächst durch ehrenamtliche Naturschützer gepflegt, d. h. jährlich gemäht und später das Mähgut auf nahe gelegene Neuflächen ausgebreitet. Diese sind als Ausgleichsflächen von der Bahn zur Verfügung gestellt worden, haben sich in wenigen Jahren gut entwickelt und weisen z. T. überraschende Neuvorkommen bemerkenswerter Heidepflanzen auf. Bei der Pflege haben sich die Gruppe Kissing-Mering vom Bund Naturschutz, der Land-

Enzianblüte auf der Kissinger Heide

schaftspflegeverband Aichach-Friedberg und die dortige Naturschutzbehörde große Verdienste erworben.

Das heutige Zustandsbild der beiden Heiden

Der räumliche Umgriff der Königsbrunner Heide wird ungenau definiert. Die Fläche liegt am Südende des großen Naturschutzgebietes Augsburger Stadtwald, das eine Fläche von über 1600 Hektar umfasst. Der Begriff Königsbrunner Heide wird heute verstanden als ein Areal von ungefähr 50 ha; dazu gehören die beiden wichtigsten und wertvollsten Kernzonen, die Zentralheide und die durch das Nadelgehölz getrennte westlich davon liegende Hasenheide, im ganzen ca. 10 ha; weiter Randgebiete der umliegenden lichten Kiefernheidewälder, besonders im Bereich des Ölbachs, sowie Teilbereiche von umgebenden Fettwiesen. Der am Ostrand verlaufende ehemalige Kartoffelacker hat sich durch konsequente Pflege im Laufe der letzten 20 Jahre günstig entwikkelt; die frühere Heideflora ist weitgehend wieder vorhanden. Der wertvollste Teil der Hasenheide ist durch Schafüberweidung stark gefährdet.

Die Kissinger Heide ist seit ihrer Unterschutzstellung 1941 ein klar umrissener räumlicher Begriff geblieben. Mit 37 ha hat sie eine in die Zukunft weisende Größe und gehört zum Gemeindegebiet Kissing im Landkreis Aichach-Friedberg. Die Wunden der vergangenen Jahrzehnte sind größtenteils verheilt. Die Kiesabbaufläche im Norden hat eine Ersatzvegetation entwickelt. Durch den damaligen Abbau liegt sie über 1 m tiefer als das umliegende Areal. Bei länger anhaltenden Niederschlägen steht sie einige Zeit unter Wasser. So haben sich feuchtigkeitsliebende Arten wie Seggen sowie eine kleine Population der Schneide (Cladium mariscus) angesiedelt, die zu der dortigen Vegetation nicht passen.

Die Heide bedarf durch ihre unterschiedliche Gliederung zwischen offenen Heideflächen, wechselnd mit Nadelgehölz und Buschvegetation, einer entsprechender Pflege und Wartung.

Der Quelltopf des Ölbachs am Nordrand der Hasenheide

Seltene, vornehmlich gefährdete und geschützte Pflanzenarten der Königsbrunner und Kissinger Heide

Eine Besonderheit unserer Lechheiden besteht darin, dass sie Pflanzensippen beherbergen, die in verschiedenen Zonen beheimatet sind.

Dealpine Arten (dealp.)

Sie haben ihre Hauptverbreitung in unseren Alpen und sind zum großen Teil aus den Bergen durch den Lech ins Alpenvorland gekommen. In vergangenen Zeiten führte der Fluss besonders bei den häufigen Hochwassern Samen und Pflanzenteile mit sich, die sich z. B. auf den Kiesinseln und Sandbänken, aber auch auf überschwemmten Uferstreifen angesiedelt haben. Eine dieser Pionierpflanzen ist das Kriechende Gipskraut, das auf der Königsbrunner Heide seinen nördlichsten Wuchsort erreicht.

Andere Pflanzen sind dem Flusstal in entgegengesetzter Richtung von Nord nach Süd, von der Alb zu den Alpen gefolgt. Hier ist die Gewöhnliche Kugelblume zu nennen.

Kontinentale Arten (kont.)

Aus östlicher Richtung, vor allem den dortigen Steppengebieten, kamen trockenheitsliebende kontinentale Arten in die Schottergebiete des Voralpenlandes und fühlten sich auf unseren Lechheiden wohl. Hier ist z. B. der Regensburger Geißklee, die Kalkaster und die Goldaster zu nennen.

Submediterrane Arten (smed.)

Aus südlichen Gefilden, vor allem aus dem Mittelmeerraum haben wärmeliebende Orchideen auf den Heiden des Lechs ihre Heimstatt gefunden. 18 Orchideenarten zählen wir auf unseren beiden Heiden, darunter 4 seltene Ragwurzsippen.

*

Die bemerkenswerten Pflanzen sind in Farbbildern festgehalten, und zwar im Turnus ihrer Blütezeit. In einer seitlichen Farbleiste werden diese Blütezeiten zusätzlich dargestellt. Ein kurzer Begleittext führt auch die zuständigen Familien auf, sowie die Zonen, aus denen die Pflanzen stammen.

Sämtliche hier vorgestellten Arten wachsen auf beiden Heiden; wenige der Bilder wurden auf anderen Lechflächen aufgenommen. Einzelne Sippen sind nicht auf beiden

Arealen zu finden. So kommt z. B. der Kamm-Wachtelweizen nicht auf der Königsbrunner Heide vor, die Sumpfgladiole dagegen wächst nicht auf der Kissinger Heide.

Schutz und Pflege der Heiden

Zum Schluss einige Gedanken zur Erhaltung einer ursprünglichen Naturlandschaft.

Die Geschichte der beschriebenen Lechheiden im Laufe der 60 Jahre nach ihrer Inschutznahme war turbulent. Heute, nach 20 Jahren regelmäßiger und kontrollierter Pflege, befinden wir uns noch in einer Modellphase.

Gerade bei kleineren sensiblen Flächen, wie sie die Kernzone der Königsbrunner Heide darstellt, muss jährlich erneut geplant werden, welcher Bereich z. B. wann gepflegt wird. Hier muss auch der Schutz der Kleintierwelt bedacht werden.

Die Nähe menschlicher Besiedelung macht notwendig, dass der Besucherstrom in kontrollierte Bahnen gelenkt wird. Hier lässt sich die Sperrung bestimmter Wege nicht vermeiden. Hunde gehören an die Leine. Fahrräder sollten an vorgesehenen Plätzen sicher abgestellt werden. Ein Mensch, der sein Rad mitschiebt, verbreitert die Trittfläche.

Kleinräumige Biotope können langfristig nicht überleben. Hier ist die Zentralfläche der Königsbrunner Heide betroffen. Der begonnene Abbau der gepflanzten Nadelholzfläche muss fortgeführt werden; nur dadurch wird die Zersplitterung der Kernzone vermieden.

Vorrangig sollen Pufferzonen entstehen. Dies ist in den letzten Jahren dank der Initiative der örtlichen Naturschutzbehörde geschehen. Südlich der Königsbrunner Heide wird eine Fläche von mehreren Hektar ausgehagert; es wird nicht mehr gedüngt und extensive Bewirtschaftung betrieben. Die Wanderschäferei muss geregelt werden. Wertvolle Biotope dürfen nicht einer zerstörenden Überweidung zum Opfer fallen.

Vor allem aber ist es notwendig, nicht nur Naturfreunden, sondern auch allgemein unseren Mitbürgern nahe zu bringen, welche Juwelen in unserer nahen Heimat liegen, die es zu hegen und zu pflegen gilt.

Vor 40 Jahren hat Bresinsky geschrieben: »Wald und Heide vor den Toren Augsburgs: Zerfall berühmter Naturschutzgebiete?« Seine Frage kann so beantwortet werden: Manche Bereiche wertvoller Flächen sind geblieben und wurden dem Zerfall entzogen. Heute geht an uns, besonders die jüngere Generation, die Frage: Kann nach weiteren Jahrzehnten eine positive Antwort gegeben werden? Hier sind wir alle gefordert.

Blick auf die Zentralheide der Königsbrunner Heide

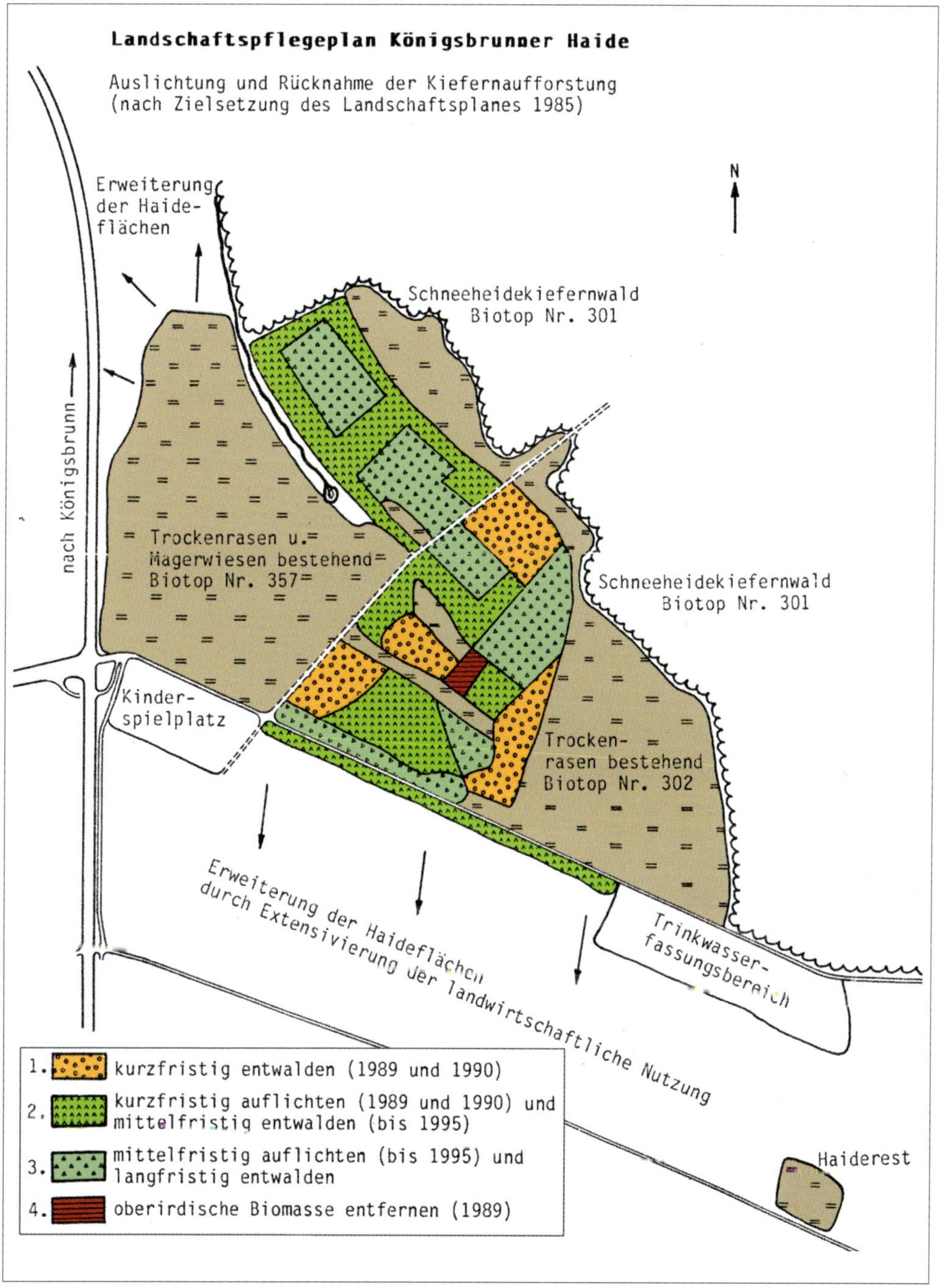

Landschaftspflegeplan 1985, der jedoch nicht wie geplant umgesetzt wurde

Luftbild 1998, © Bayerisches Landesvermessungsamt

Informationstafel auf der Zentralheide der Königsbrunner Heide

Luftbild 1998, © Bayerisches Landesvermessungsamt

Informationstafel am Eingang zur Kissinger Heide

Die Pflanzenwelt der Königsbrunner und Kissinger Heide

In dieser Übersicht soll das gesamte Vegetationsspektrum unserer Flächen erfasst werden. Die wissenschaftlichen Bezeichnungen sind zusätzlich vermerkt. Die Sippen der Kissinger Heide konnten dabei nicht völlig erfasst werden.

Verschollene Arten der Königsbrunner Heide werden erwähnt (L. N. = Letzter Nachweis). Der Versuch, die derzeitige Populationsdichte einer Anzahl von bemerkenswerten Pflanzen der Königsbrunner Heide (**KöH**) zu erfassen, wird in der Spalte "**Vork**" unternommen. Die Ziffern stehen für folgende Größenklassen:

1 = 1–10 Exemplare, 2 = 10–100, 3 = 100–1000, 4 = 1.000–10.000, 5 = 10.000–100.000 Exemplare

Nr.	**Bresinsky / Müller / Hiemeyer**		**Bild Seite**	**KöH**	**Vork**	**KiH**
1	Abies alba	Weißtanne		KöH		
2	Acer campestre	Feld-Ahorn, Maßholder		KöH		
3	Acer platanoides	Spitz-Ahorn		KöH		
4	Achillea millefolium	Wiesen-Schafgarbe		KöH		KiH
5	Aegopodium podagraria	Geißfuß, Zipperleinskraut		KöH		KiH
6	Aesculus hippocastanum	Roßkastanie		KöH		
7	Agrimonia eupatoria	Gewöhnlicher Odermennig		KöH		KiH
8	Agrostis gigantea	Riesen-Straußgras		KöH		KiH
9	Agrostis stolonifera	Weißes Straußgras		KöH		KiH
10	Agrostis tenuis	Rotes Straußgras		KöH		KiH
11	Ajuga reptans	Kriechender Günsel		KöH		KiH
12	Allium carinatum	Gekielter Lauch		KöH	2	KiH
13	Allium montanum	Berg-Lauch	83	KöH	3	KiH
14	Allium oleraceum	Roß-Lauch				KiH
15	Allium suaveolens	Wohlriechender Lauch	82	KöH	4-5	KiH
16	Alopecurus pratensis	Wiesen-Fuchsschwanz		KöH		KiH
17	Anacamptis pyramidalis	Pyramiden-Spitzorchis	70	KöH	1	KiH
18	Anagallis arvensis	Acker-Gauchheil				KiH
19	Angelica sylvestris	Wald-Engelwurz				KiH
20	Antennaria dioica	Gew. Katzenpfötchen (L. N. 1990)		KöH		KiH
21	Anthericum ramosum	Ästige Graslilie	76	KöH	5	KiH
22	Anthoxanthum odoratum	Gemeines Ruchgras		KöH		KiH
23	Anthriscus sylvestris	Wiesen-Kerbel		KöH		KiH
24	Anthyllis vulneraria	Wundklee	43	KöH		KiH
25	Aquilegia atrata	Schwarze Akelei	60	KöH	1	KiH
26	Aquilegia vulgaris	Gew. Akelei		KöH		KiH
27	Arabis hirsuta	Rauhe Gänsekresse		KöH		KiH
28	Arenaria serpyllifolia	Quendel-Sandkraut		KöH		KiH
29	Arrhenaterum elatius	Glatthafer		KöH		KiH
30	Artemisia vulgaris	Gemeiner Beifuß		KöH		KiH
31	Asperula cyanchica	Hügel-Meister	47	KöH		KiH
32	Asperula tinctoria	Färber-Meister	49	KöH	3-4	KiH
34	Aster amellus	Berg-Aster	82	KöH	2-3	
35	Aster bellidiastrum	Alpen-Maßliebchen	47	KöH	1	KiH
36	Aster linosyris	Goldaster	86	KöH	4-5	
33	Astrantia major	Große Sterndolde		KöH		KiH
37	Athyrium filix-femina	Wald-Frauenfarn		KöH		
38	Atropa bella-donna	Tollkirsche		KöH		
39	Avenochloa pratensis	Trifthafer		KöH		KiH
40	Avenochloa pubescens	Flaumhafer		KöH		KiH
41	Bartsia alpina	Alpenhelm (L. N. 1987)		KöH		
42	Bellis perennis	Gänseblümchen		KöH		
43	Berberis vulgaris	Gemeine Berberitze		KöH		KiH
44	Betonica officinalis	Heilziest		KöH		KiH
45	Betula pendula	Hänge-Birke		KöH		KiH
46	Biscutella laevigata subs. kerneri	Brillenschote	44	KöH	2-3	KiH
47	Botrychium lunaria	Echte Mondraute	50	KöH		

Nr.	Bresinsky / Müller / Hiemeyer		Bild Seite	KöH	Vork	KiH
48	Brachypodium rupestre	Fiederzwenke	62	KöH		KiH
49	Brachypodium sylvaticum	Wald-Zwenke		KöH		KiH
50	Briza media	Zittergras		KöH		KiH
51	Bromus erectus	Aufrechte Trespe		KöH		KiH
52	Bryonia dioica	Zweihäusige, Rotfrüchtige Zaunrübe				KiH
53	Buphtalmum salicifolium	Weidenblättriges Ochsenauge	54	KöH	4-5	KiH
54	Calamagrostis arundinacea	Wald-Reitgras				KiH
55	Calamagrostis epigeios	Land-Reitgras, Waldschilf		KöH		KiH
56	Calamagrostis varia	Berg-Reitgras		KöH		KiH
57	Caltha palustris (Ölbach)	Sumpf-Dotterblume		KöH		KiH
58	Campanula glomerata	Büschel-Glockenblume	69	KöH		KiH
59	Campanula patula	Wiesenglockenblume		KöH		KiH
60	Campanula rotundifolia	Rundblättrige Glockenblume		KöH		KiH
61	Capsella bursa-pastoris	Hirtentäschel		KöH		KiH
62	Cardamine hirsuta	Vielstängeliges Schaumkraut		KöH		KiH
63	Carduus defloratus	Alpen-Distel	65	KöH	3	KiH
64	Carex alba	Weiße Segge		KöH		KiH
65	Carex brizoides	Zittergras-Segge		KöH		KiH
66	Carex caryophyllea	Frühlings-Segge		KöH		KiH
67	Carex digitata	Finger-Segge		KöH		KiH
68	Carex ericetorum	Heide-Segge		KöH		
69	Carex flacca	Blaugrüne Segge		KöH		KiH
70	Carex flava	Gelbe Segge		KöH		KiH
71	Carex hostiana	Saum-Segge		KöH		KiH
72	Carex humilis	Erd-Segge, Niedrige Segge	31	KöH		KiH
73	Carex lepidocarpa	Schuppen-Segge		KöH		KiH
74	Carex montana	Berg-Segge		KöH		KiH
75	Carex nigra	Wiesen-Segge		KöH		KiH
76	Carex oederi	Späte Segge		KöH		KiH
77	Carex ornithopoda	Vogelfuß-Segge		KöH		KiH
78	Carex panicea	Hirsen-Segge		KöH		KiH
79	Carex pilulifera	Pillen-Segge				KiH
80	Carex sempervirens	Immergrüne Segge, Horst-Segge		KöH	1-2	KiH
81	Carex sylvatica	Wald-Segge		KöH		KiH
82	Carex tomentosa	Filz-Segge		KöH		KiH
83	Carlina acaulis	Silberdistel, Große Wetterdistel	85	KöH	1-2	KiH
84	Carlina vulgaris	Golddistel		KöH	2	KiH
85	Carpinus betulus	Hainbuche		KöH		KiH
86	Centaurea jacea	Wiesen-Flockenblume	78	KöH		KiH
87	Centaurea scabiosa	Scabiosen-Flockenblume	59	KöH		KiH
88	Centaurium erythraea	Echtes Tausendgüldenkraut		KöH		KiH
89	Cerastium arvense	Acker-Hornkraut		KöH		KiH
90	Cerastium glomeratum	Knäuel-Hornkraut		KöH		KiH
91	Cerastium holosteoides	Gewöhnliches Hornkraut		KöH		KiH
92	Cerastium pumilum	Niedriges Hornkraut		KöH		
93	Cerastium semidecandrum	Sand-Hornkraut		KöH		KiH
94	Chamaecytisus ratisbonensis	Regensburger Geißklee	34	KöH	2-3	KiH
95	Chenopodium album	Weißer Gänsefuß		KöH		KiH
96	Chrysanthemum leucanthemum	Gewöhnl. Wucherblume, Margerite		KöH		KiH
97	Circaea lutetiana	Gewöhnliches Hexenkraut		KöH		
98	Cirsium arvense	Acker-Kratzdistel		KöH		KiH
99	Cirsium palustre	Sumpf-Kratzdistel				KiH
100	Cirsium tuberosum	Knollige Kratzdistel	76	KöH	4	KiH
101	Clematis vitalba	Gewöhnliche Waldrebe		KöH		KiH
102	Clinopodium vulgare	Wirbeldost		KöH		KiH
103	Colchicum autumnale	Herbstzeitlose		KöH		KiH
104	Convolvulus arvensis	Acker-Winde		KöH		KiH
105	Corallorhiza trifida	Korallenwurz	52	KöH	1	

Nr.	Bresinsky / Müller / Hiemeyer		Bild Seite	KöH	Vork	KiH
106	Coronilla vaginalis	Umscheidete Kronwicke	36	KöH	1	
107	Coronilla varia	Bunte Kronwicke		KöH		KiH
108	Corylus avellana	Hasel		KöH		KiH
109	Cotoneaster horizontalis	Fächer-Zwergmispel		KöH		
110	Cotoneaster integerrimus	Gemeine Zwergmispel		KöH		
111	Cotoneaster tomentosus	Filz-Zwergmispel		KöH		
112	Crataegus monogyna	Eingriffeliger Weißdorn		KöH		KiH
113	Crepis alpestris	Alpen-Pippau	40	KöH	3	KiH
115	Crepis biennis	Wiesen-Pippau		KöH		KiH
114	Crepis capillaris	Kleinköpfiger Pippau				KiH
116	Crepis praemorsa	Abgebissener Pippau	51	KöH	1	KiH
117	Dactylis glomerata	Wiesen-Knäuerlgras		KöH		KiH
118	Daphne cneorum	Steinröschen, Reckhölderli	36	KöH		KiH
119	Daphne mezereum	Seidelbast		KöH	1	KiH
120	Daucus carota	Wilde Gelbe Rübe		KöH		KiH
121	Deschampsia cespitosa	Rasen-Schmiele		KöH		KiH
122	Dianthus carthusianorum	Karthäuser-Nelke	68	KöH	2	KiH
123	Dipsacus fullonum	Wilde Kardendistel		KöH		
124	Dryopteris carthusiana	Kleiner Dornfarn		KöH		
125	Dryopteris dilatata	Großer Dornfarn		KöH		
126	Dryopteris filix-mas	Männlicher Wurmfarn		KöH		
127	Echium vulgare	Natternkopf	65	KöH		KiH
128	Epilobium angustifolium	Wald-Weidenröschen		KöH		KiH
129	Epilobium montanum	Berg-Weidenröschen		KöH		KiH
130	Epipactis atrorubens	Rotbrauner Sumpfstendel		KöH		
131	Epipactis helleborine	Breitblättriger Sumpfstendel	77	KöH	1	KiH
132	Epipactis palustris	Echter Sumpfstendel	75	KöH	1-2	KiH
133	Equisetum arvense	Acker-Schachtelhalm, Zinnkraut		KöH		KiH
134	Equisetum ramosissimum	Ästiger Schachtelhalm	74	KöH	2	KiH
135	Equisetum x meridionale			KöH	3	
136	Erica carnea (herbacea)	Schneeheide	30	KöH	1	KiH
137	Erigeron acris	Rauhes Berufkraut		KöH		KiH
138	Erigeron canadensis	Kanadisches Berufkraut		KöH		KiH
139	Erophila verna	Frühlings-Hungerblümchen		KöH		
140	Eupatorium cannabinum	Wasserdost				KiH
141	Euphorbia cyparissias	Zypressen-Wolfsmilch		KöH		KiH
142	Euphorbia verrucosa	Warzen-Wolfsmilch	66	KöH		KiH
143	Euphrasia picta	Scheckiger Augentrost		KöH	1-2	KiH
144	Euphrasia rostkoviana	Wiesen-Augentrost		KöH		KiH
145	Euphrasia salisburgensis	Salzburger Augentrost	80	KöH	2	KiH
146	Euphrasia stricta	Steifer Augentrost		KöH		KiH
147	Festuca amethystina	Amethyst-Schwingel		KöH	1	KiH
148	Festuca ovina	Schaf-Schwingel		KöH		KiH
149	Festuca pratensis	Wiesen-Schwingel		KöH		KiH
150	Festuca rubra	Roter Schwingel		KöH		KiH
151	Filipendula ulmaria	Echte Mädesüß		KöH		KiH
152	Filipendula vulgaris	Knollige Spierstaude	63	KöH	2-3	KiH
153	Fragaria indica	Indische Erdbeere		KöH		
154	Fragaria vesca	Wald-Erdbeere		KöH		KiH
155	Frangula alnus	Faulbaum		KöH		KiH
156	Galeopsis bifida	Kleinblütiger Hohlzahn		KöH		
157	Galeopsis ladanum	Breitblättriger Hohlzahn		KöH		
158	Galeopsis speciosa	Bunter Hohlzahn		KöH		KiH
159	Galeopsis tetrahit	Gewöhnlicher Hohlzahn		KöH		KiH
160	Galium album	Weißes Labkraut		KöH		KiH
161	Galium aparine	Kletten-Labkraut		KöH	1-2	KiH
162	Galium boreale	Nordisches Labkraut	56	KöH		
163	Galium mollugo	Wiesen-Labkraut		KöH		KiH
164	Galium odoratum	Waldmeister		KöH		

Nr.	Bresinsky / Müller / Hiemeyer		Bild Seite	KöH	Vork	KiH
165	Galium pumilum	Niedriges Labkraut		KöH		KiH
166	Galium rotundifolium	Rundblättriges Labkraut		KöH		KiH
167	Galium verum	Echtes Labkraut		KöH		KiH
168	Genista tinctoria	Färber-Ginster				KiH
169	Gentiana asclepiadea	Schwalbwurz-Enzian	81	KöH	1	KiH
170	Gentiana clusii	Stengelloser Enzian	39	KöH	1	KiH
171	Gentiana cruciata	Kreuz-Enzian	77	KöH	2	KiH
172	Gentiana utriculosa	Schlauch-Enzian (früh. auch Kiss. H.)	41	KöH	1	
173	Gentiana verna	Frühlingsenzian	39	KöH	2	KiH
174	Gentianella ciliata	Gefranster Enzian	86	KöH	1	KiH
175	Gentianella germanica	Deutscher Enzian	85	KöH	3-4	KiH
176	Geranium pratense	Wiesen-Storchenschnabel		KöH		KiH
177	Geranium pusillum	Kleiner Storchenschnabel		KöH		
178	Geranium pyrenaicum	Pyrenäen-Storchenschnabel		KöH		
179	Geranium robertianum	Stinkender Storchenschnabel		KöH		KiH
180	Geum urbanum	Echte Nelkenwurz		KöH		KiH
181	Gladiolus palustris	Sumpf-Gladiole, Sumpf-Siegwurz	64	KöH	4-5	
182	Glechoma hederacea	Gundelrebe		KöH		KiH
183	Globularia cordifolia	Herzblättrige Kugelblume	35	KöH	1	
184	Globularia punctata	Gewöhnliche Kugelblume	35	KöH	2-3	KiH
185	Gymnadenia conopea	Mücken-Händelwurz	57	KöH	3	KiH
186	Gymnadenia odoratissima	Duft-Händelwurz (L. N. 1993)		KöH		
187	Gypsophila repens	Kriechendes Gipskraut	51	KöH	1-2	KiH
188	Helianthemum nummularium	Gewöhnliches Sonnenröschen	48	KöH		KiH
189	Helictotrichon pratensis	Trift-Hafer		KöH		KiH
190	Heracleum sphondylium	Wiesen-Bärenklau		KöH		KiH
191	Hieracium hoppeanum	Hoppes Habichtskraut	53	KöH	2	KiH
192	Hieracium philosella	Kleines Habichtskraut, Mausöhrchen		KöH		KiH
193	Hieracium sylvaticum	Wald-Habichtskraut		KöH		KiH
194	Hippocrepis comosa	Hufeisenklee	37	KöH		KiH
195	Hyoscyamus niger	Bilsenkraut (L. N. 1967)		KöH		
196	Hypericum perforatum	Echtes Johanniskraut		KöH		KiH
197	Hypochoeris maculata	Geflecktes Ferkelkraut	73	KöH	1	
198	Ilex aquifolium	Stechpalme		KöH		
199	Impatiens glandulifera	Indisches Springkraut		KöH		KiH
200	Inula hirta	Rauher Alant	48	KöH	3-4	KiH
201	Inula salicina	Weiden-Alant	74	KöH		KiH
202	Iris pseudoacorus	Gelbe Schwertlilie		KöH		KiH
203	Juncus alpino articulatus	Gebirgs-Simse				KiH
204	Juncus tenuis	Zarte Simse		KöH		KiH
205	Juniperus communis	Gewöhnlicher Wacholder		KöH		KiH
206	Knautia arvensis	Wiesen-Knautie		KöH		KiH
207	Knautia sylvatica	Wald-Knautie		KöH		KiH
208	Koeleria macrantha	Zierliche Kammschmiele		KöH		KiH
209	Koeleria pyramidata	Pyramiden-Kammschmiele		KöH		KiH
210	Lamium album	Weiße Taubennessel		KöH		KiH
211	Lamium maculatum	Gefleckte Taubennessel		KöH		KiH
212	Lapsana communis	Rainkohl		KöH		KiH
213	Laserpitium latifolium	Breitblättriges Laserkraut		KöH	2	KiH
214	Laserpitium siler	Berg-Laserkraut	71	KöH	2-3	
215	Lathyrus pratensis	Wiesen-Platterbse		KöH		KiH
216	Lembotropis nigricans	Schwarzwerdender Geißklee (L. N. 1990)	55	KöH		
217	Leontodon autumnalis	Herbst-Löwenzahn		KöH		KiH
218	Leontodon hispidus	Rauher Löwenzahn		KöH		KiH
219	Leontodon incanus	Grauer Löwenzahn	49	KöH	4	KiH
220	Ligustrum vulgare	Liguster		KöH		KiH
221	Lilium bulbiferum	Feuer-Lilie (L. N. 1988)		KöH		
222	Linaria vulgaris	Gewöhnliches Leinkraut		KöH		KiH
223	Linum catharticum	Wiesen-Lein, Purgier-Lein		KöH		KiH

Nr.	Bresinsky / Müller / Hiemeyer		Bild Seite	KöH	Vork	KiH
224	Linum viscosum	Klebriger Lein	59	KöH	3	KiH
225	Listera ovata	Großes Zweiblatt	52	KöH	1	KiH
226	Lithospermum officinale	Echter Steinsame	87	KöH	1	KiH
227	Lotus corniculatus	Gewöhnlicher Hornklee	38	KöH		KiH
228	Luzula campestris	Feld-Hainsimse		KöH		KiH
229	Lysimachia vulgaris	Gewöhnlicher Gelbweiderich		KöH		KiH
230	Lythrum salicaria	Blut-Weiderich				KiH
231	Mahonia aquifolium	Mahonie		KöH		
232	Medicago falcata	Sichelkee, Gelbe Luzerne		KöH		KiH
233	Medicago lupulina	Hopfenklee		KöH		KiH
234	Melampyrum cristatum	Kamm-Wachtelweizen	68			KiH
235	Melica nutans	Nickendes Perlgras		KöH		KiH
236	Melilotus alba	Weißer Steinklee		KöH		KiH
237	Melilotus altissimus	Hoher Steinklee	72	KöH	1	
238	Moehringia trinervia	Dreinervige Miere		KöH		KiH
239	Molinia arundinacea	Rohr-Pfeifengras	79	KöH		KiH
240	Molinia caerulea	Blaues Pfeifengras		KöH		KiH
241	Muscari botryoides	Kleine Traubenhyazinthe		KöH		
242	Mycelis muralis	Mauerlattich		KöH		KiH
243	Myosotis arvensis	Acker-Vergißmeinnicht		KöH		KiH
244	Myosotis ramosissima	Rauhes Vergißmeinnicht		KöH		
245	Neottia nidus-avis	Nestwurz	53	KöH	1	KiH
246	Ononis repens	Kriechende Hauhechel		KöH		KiH
247	Ononis spinosa	Dornige Hauhechel	67	KöH		KiH
248	Ophrys apifera	Bienen-Ragwurz	66	KöH	1-2	
249	Ophrys holosericea	Hummel-Ragwurz	57	KöH	2	KiH
250	Ophrys insectifera	Fliegen-Ragwurz	56	KöH	2	KiH
251	Ophrys sphecodes	Spinnen-Ragwurz (L. N. 1990)	50	KöH		KiH
252	Orchis militaris	Helm-Knabenkraut	41	KöH	1	KiH
253	Orchis morio	Kleines Knabenkraut	45	KöH	2	
254	Orchis ustulata	Brand-Knabenkraut	61	KöH	2	KiH
255	Origanum vulgare	Gewöhnlicher Dost		KöH		KiH
256	Orobanche caryophyllacea	Labkraut-Sommerwurz (L. N. 1972)		KöH		
257	Orobanche gracilis	Zierliche Sommerwurz	61	KöH	1-2	KiH
258	Paris quadrifolia	Einbeere		KöH		
259	Parnassia palustris	Herzblatt	81	KöH		KiH
260	Pastinaca sativa	Pastinak		KöH		KiH
261	Petrorhagia saxifraga	Steinbrech-Felsennelke	63	KöH		
262	Peucedanum cervaria	Hirsch-Haarstrang		KöH	1	KiH
263	Peucedanum oreoselium	Berg-Haarstrang	71	KöH	4	KiH
264	Phalaris arundinacea	Rohr-Glanzgras				KiH
265	Phragmites communis	Schilfrohr				KiH
266	Phyteuma orbiculare	Kugel-Teufelskralle	75	KöH		KiH
267	Phyteuma spicatum	Ährige Teufelskralle		KöH	1-2	KiH
268	Picea abies	Gemeine Fichte (Rot-Fichte)		KöH		KiH
269	Pimpinella major	Große Bibernelle		KöH		KiH
270	Pimpinella saxifraga	Kleine Bibernelle		KöH		KiH
271	Pinus nigra	Schwarz-Kiefer		KöH		
272	Pinus sylvestris	Föhre, Wald-Kiefer		KöH		KiH
273	Plantago lanceolata	Spitzwegerich		KöH		KiH
274	Plantago major	Großer Wegerich		KöH		KiH
275	Plantago media	Mittlerer Wegerich		KöH		KiH
276	Platanthera bifolia	Weiße Waldhyazinthe	67	KöH	1	KiH
277	Platanthera chlorantha	Berg-Waldhyazinthe		KöH	1	KiH
278	Poa pratensis ssp. angustifolia	Wiesen-Rispengras		KöH		KiH
279	Poa trivialis	Gewöhnliches Rispengras		KöH		KiH
280	Polygala amarella	Sumpf-Kreuzblume	40	KöH		KiH
281	Polygala chamaebuxus	Zwergbuchs	37	KöH	1-2	KiH
282	Polygala vulgaris	Gewöhnliche Kreuzblume		KöH		KiH

Nr.	Bresinsky / Müller / Hiemeyer		Bild Seite	KöH	Vork	KiH
283	Polygonatum odoratum	Salomonsiegel	42	KöH	3	KiH
284	Polygonum viviparum	Knöllchen-Knöterich	62	KöH	1-2	KiH
285	Potentilla anserina	Gänse-Fingerkraut		KöH		KiH
286	Potentilla arenaria	Sand-Fingerkraut		KöH		
287	Potentilla erecta	Blutwurz, Aufrechtes Fingerkraut		KöH		KiH
288	Potentilla heptaphylla	Rötliches Fingerkraut	32	KöH		KiH
289	Potentilla neumanniana	Frühlings-Fingerkraut		KöH		KiH
290	Potentilla reptans	Kriechendes Fingerkraut		KöH		KiH
291	Primula elatior	Große Schlüsselblume		KöH		KiH
292	Primula farinosa	Mehlprimel	38	KöH		KiH
293	Primula veris	Arznei-Schlüsselblume		KöH		KiH
294	Prunella grandifloria	Große Braunelle	55	KöH		KiH
299	Prunella vulgaris	Kleine Brunelle		KöH		KiH
296	Prunus avium	Vogelkirsche				KiH
297	Prunus padus	Traubenkirsche		KöH		KiH
298	Prunus spinosa	Schlehe		KöH		KiH
300	Pulsatilla vulgaria	Gewöhnliche Küchenschelle	30	KöH	2	KiH
295	Pyrus pyraster	Wildbirne		KöH		
301	Ranunculus acris	Scharfer Hahnenfuß		KöH		KiH
302	Ranunculus bulbosus	Knolliger Hahnenfuß		KöH		KiH
303	Ranunculus ficaria	Scharbockskraut		KöH		KiH
304	Ranunculus flammula	Brennender Hahnenfuß (L. N. 1967)		KöH		
305	Ranunculus montanus	Berg-Hahnenfuß	34	KöH	1	
306	Ranunculus nemorosus	Wald-Hahnenfuß		KöH		KiH
307	Ranunculus repens	Kriechender Hahnenfuß		KöH		KiH
308	Reseda lutea	Wilde Resede	58	KöH		KiH
309	Rhamnus saxatilis	Felsen-Kreuzdorn	58	KöH	1-2	KiH
310	Rhinanthus alectorolophus	Zottiger Klappertopf		KöH		KiH
311	Rhinanthus (serotinus)	Großer Klappertopf		KöH		KiH
312	Rhinanthus glacialis	Begrannter Klappertopf	60	KöH		KiH
313	Rhinanthus minor	Kleiner Klappertopf		KöH		KiH
314	Ribes rubrum	Rote Johannisbeere		KöH		
315	Ribes uva-crispa	Stachelbeere		KöH		
319	Rosa canina	Heckenrose		KöH		KiH
320	Rosa majalis	Zimt-Rose		KöH		KiH
316	Rubus caesius	Kratzbeere		KöH		KiH
317	Rubus fruticosus	Echte Brombeere		KöH		KiH
318	Rubus idaeus	Himbeere		KöH		KiH
321	Rumex acetosa	Wiesen-Sauerampfer		KöH		KiH
322	Rumex crispus	Krauser Ampfer		KöH		KiH
323	Salix cinerea	Grau-Weide		KöH		KiH
324	Salix caprea	Sal-Weide		KöH		KiH
325	Salix daphnoides	Reif-Weide		KöH		KiH
326	Salix eleagnos	Lavendel-Weide	32	KöH		KiH
327	Salix nigricans	Schwarz-Weide		KöH		KiH
328	Salix purpurea	Purpur-Weide		KöH		KiH
329	Salix repens	Kriech-Weide	33	KöH		
330	Salvia pratensis	Wiesen-Salbei	64	KöH		KiH
331	Salvia verticillata	Quirlblättriger Salbei		KöH		KiH
332	Sanguisorba minor	Kleiner Wiesenknopf		KöH		KiH
333	Sanguisorba officinalis	Großer Wiesenknopf		KöH		KiH
334	Scabiosa canescens	Wohlriechende Skabiose	79	KöH	2-3	KiH
335	Scabiosa columbaria	Tauben-Skabiose		KöH		KiH
336	Schoenus ferrugineus	Rostrotes Kopfriet	45	KöH		
337	Schoenus nigricans	Schwarzes Kopfriet	45	KöH		
338	Scorzonera humilis	Niedrige Schwarzwurzel	54	KöH	2	KiH
339	Scrophularia alata	Geflügelte Braunwurz				KiH
340	Sedum mite	Milder Mauerpfeffer		KöH		
341	Selaginella helvetica	Schweizer Moosfarn	73			KiH

Nr.	Bresinsky / Müller / Hiemeyer		Bild Seite	KöH	Vork	KiH
342	Senecio erucifolius	Raukenblättriges Greiskraut		KöH		KiH
343	Senecio jacobaea	Jakobs-Greiskraut	80	KöH		KiH
344	Serratula tinctoria	Färber-Scharte	78	KöH		KiH
345	Seseli annuum	Steppen-Fenchel	84	KöH	3	
346	Sesleria coerulea (varia)	Gemeines Blaugras		KöH		KiH
347	Sieglingia decumbens	Deizahn		KöH		KiH
348	Silaum silaus	Wiesen-Silge		KöH		KiH
349	Silene nutans	Nickendes Leimkraut		KöH		KiH
350	Solidago canadensis	Kanadische Goldrute		KöH		KiH
351	Solidago gigantea	Späte Goldrute		KöH		KiH
352	Sonchus arvensis	Acker-Gänsedistel				KiH
353	Sonchus asper	Rauhe Gänsedistel		KöH		KiH
354	Stachys officinalis	Betonie, Heilziest		KöH		KiH
355	Succisa pratensis	Gewöhnlicher Teufelsabbiß		KöH		KiH
356	Tanacetum vulgare	Rainfarn		KöH		KiH
357	Taraxacum officinale	Wiesen-Löwenzahn		KöH		KiH
358	Tetragonolobus maritimus	Spargelschote	43	KöH	2	KiH
359	Teucrium montanum	Berg-Gamander	72	KöH	2	KiH
360	Thalictrum aquilegifolium	Akeleiblättrige Wiesenraute	46	KöH	1	KiH
361	Thalictrum galioides (simplex)	Labkraut-Wiesenraute	70	KöH		KiH
362	Thesium linophyllon	Mittleres Leinblatt		KöH	1-2	KiH
363	Thesium pyrenaicum	Wiesen-Leinkraut		KöH	1	KiH
364	Thesium rostratum	Geschnäbeltes Leinblatt	42	KöH	2-3	KiH
365	Thlaspi perfoliatum	Stengelumfassendes Hellerkraut		KöH		KiH
366	Thymus praecox	Frühblühender Thymian	44	KöH		KiH
367	Tilia cordata	Winter-Linde		KöH		
368	Tofieldia calyculata	Gewöhnliche Simsenlilie	84	KöH		KiH
369	Tragopogon minor	Kleinblütiger Bocksbart	69	KöH		
370	Tragopogon orientalis	Goldgelber Wiesenbocksbart		KöH		KiH
371	Trifolium medium	Mittlerer Klein-Klee		KöH		KiH
372	Trifolium montanum	Berg-Klee	46	KöH		KiH
373	Trifolium pratense	Roter Wiesenklee		KöH		KiH
374	Trifolium repens	Kriechender Klee, Weißklee		KöH		KiH
375	Trisetum flavescens	Gewöhnlicher Goldhafer		KöH		KiH
376	Tussilago farfara	Huflattich		KöH		KiH
377	Urtica dioica	Große Brennessel		KöH		KiH
379	Valeriana dioica	Sumpf-Baldrian		KöH		
378	Valeriana officinalis	Ausläufer-Arznei-Baldrian		KöH		KiH
380	Veronica chamaedrys	Gamander-Ehrenpreis		KöH		KiH
382	Veronica officinalis	Wald-Ehrenpreis		KöH		KiH
383	Veronica persica	Persischer Ehrenpreis		KöH		KiH
381	Veronica serpyllifolia	Quendel-Ehrenpreis		KöH		KiH
384	Veronica spicata	Ähriger Ehrenpreis	83	KöH		
385	Veronica teucrium	Großer Ehrenpreis		KöH		
386	Viburnum lantana	Wolliger Schneeball		KöH		KiH
387	Vicia cracca	Vogel-Wicke		KöH		KiH
388	Vicia hirsuta	Rauhaarige Wicke		KöH		KiH
389	Vicia tenuifolia	Schmalblättrige Wicke (L. N. 1990)		KöH		KiH
390	Vincetoxicum hirundinaria	Schwalbwurz		KöH		KiH
391	Viola bavarica	Bayerisches Veilchen		KöH		KiH
392	Viola hirta	Rauhhaariges Veilchen	31	KöH		KiH
393	Viola odorata	Märzen-Veilchen		KöH		KiH
394	Viola rupestris	Sand-Feilchen		KöH		

Dr. Eberhard Pfeuffer

Zur Fauna der Königsbrunner und Kissinger Heide

Besonnte Gehölze und lichte Waldstrukturen am Heiderand (hier Königsbrunner Heide) sind wertvolle Lebensräume seltener Arten.

Die Lechheiden verdanken ihren Artenreichtum an Pflanzen und Tieren im wesentlichen dem bereits beschriebenen kleinräumig wechselnden Mosaik verschiedener Standortverhältnisse.

Dabei ist für die Tierwelt das Mikroklima eines Standortes besonders wichtig.

So finden wir selbst in unserer kühlen und niederschlagsreichen Region auf den trokken-warmen, kiesigen Flächen unserer Heiden nicht nur Pflanzen, sondern auch Tiere submediterraner und kontinentaler Herkunft, also Arten, die warme und trockene Lebensräume benötigen. In unmittelbarer Nachbarschaft solcher kleiner Wärmeinseln leben besonders auf der Königsbrunner Heide, in den Mulden ehemaliger Lechrinnen, wiederum Pflanzen und Tiere, die ganz andere, nämlich kühl-feuchte Regionen bevorzugen. Auch in heidetypischen Gehölzen, in den Übergangszonen der Heiden zum lichten Wald, ja selbst an der Borke einer einzelstehenden Kiefer gibt es auf kleinstem Raum sowohl Arten geschützter und warmer Bereiche als auch Arten, die kühle und schattige Zonen benötigen.

Lechheiden sind also weit mehr als »artenreiche Trockenstandorte«. Sie sind bei genauerer Betrachtung ein Biotopgefüge von unterschiedlichsten Kleinstlebensräumen

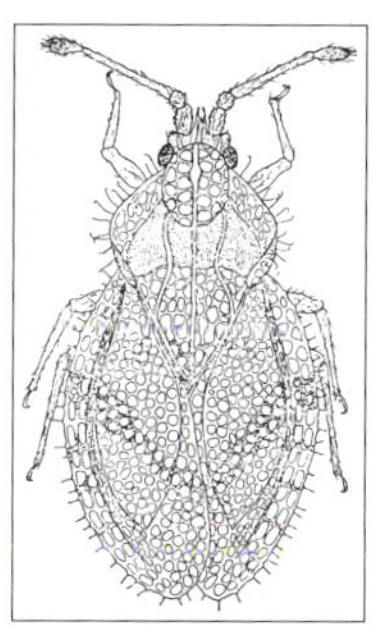

Die nur 3 mm große Netzwanze *Lasiacantha hermani* lebt auf der Königsbrunner Heide. Ihr nächster Fundort liegt in Ungarn.

und in dieser Zusammensetzung einmalig in Mitteleuropa. Zwei für jeden Besucher leicht zu beobachtende Beispiele sollen dies verdeutlichen: Der Himmelblaue Bläuling, eine wärmeliebende Falterart mit Verbreitungsschwerpunkt im submediterranen Bereich, fliegt auf Königsbrunner und Kissinger Heide neben dem Blaukernauge, also einer Art, die es überwiegend in feuchten und kühlen Moorgegenden gibt. Auf der Königsbrunner Heide ist unmittelbar neben dem Lebensraum des feuchtigkeitsliebenden Dunklen Wiesenknopf-Ameisenbläulings das Zirpen des Heidegrashüpfers und selbst des Schwarzfleckigen Grashüpfers (vgl. Bilder) zu hören, also von Heuschreckenarten, die es trocken und warm lieben.

Natürlich blieben die beschriebenen Veränderungen der Lechaue und ihrer Heiden nicht ohne gravierende Auswirkungen gerade auch auf die Tierwelt. Einige wenige Beispiele: Die Heideschrecke, die es in Bayern nur auf der Garchinger und Königsbrunner Heide gab, ist heute in Bayern ausgestorben, auf der Königsbrunner Heide seit den 50er Jahren. Den Segelfalter, eine typische und besonders markante Schmetterlingsart unserer Heiden, gibt es ebenfalls wegen sehr differenzierter und nur schwer erkennbarer Veränderungen der Heiden längst nicht mehr. Für die Heidelerche, einen typischen Vogel des ehemaligen Lechfeldes, sind die Königsbrunner und die Kissinger Heide zu klein und von Besuchern zu stark frequentiert.

Trotz der bekannten Verluste zählen die verbliebenen Heiden aber noch immer zu den artenreichsten Lebensräumen in Mitteleuropa. Sie beherbergen neben ihrer reichgegliederten Pflanzenwelt auch sehr viele und sehr seltene Tiere. Als Beispiel sei hier eine von G. Schuster auf der Königsbrunner Heide entdeckte nur 3 mm große Netzwanze, *Lasiacantha hermani* Vas., angeführt. Der nächste Fundort dieser Art liegt in Ungarn, dann im südlichen Rußland!

Aus dem Artenreichtum unserer Heiden, der für Pflanzen und Tiere gleichermaßen gilt, ergibt sich eine besondere Verantwortung für deren Schutz. Gerade aus tierökologischer Sicht muß es Hauptaufgabe sein, das geschilderte Mosaik unterschiedlichster Standorte zu erhalten. Zusätzlich gilt es, die verbliebenen Heidereste miteinander zu verbinden, da viele Arten auf den isoliert liegen-

Naturschutzgebiet »Stadtwald Augsburg«: »Naturfotografen« haben um das Fotoobjekt ein Bild der Verwüstung hinterlassen.

Die Heideschrecke (*Gampsocleis glabra*) lebte bayernweit bis in die 50er Jahre außer auf der Garchinger Heide nur auf der Königsbrunner Heide. Heute ist sie in Bayern ausgestorben.

den Standorten langfristig nicht überleben können. Entscheidend ist auch die richtige Form der Landschaftspflege, eine Thematik, die gegenwärtig in Fachkreisen vorrangig diskutiert wird. Ebenso wichtig ist aber auch das rücksichtsvolle Verhalten der Besucher und Erholungssuchenden.

Zur Bildauswahl

Der faunistische Artenreichtum der Lech-Heiden ist, will man alle hier lebenden Arten einbeziehen, kaum erfaßbar. Selbst wissenschaftliche Untersuchungen beschränken sich deshalb auf sog. Zeigerarten, d. h. Arten, die relativ leicht erkennbar und aus ökologischer Sicht für den Lebenraum »Heide« relevant sind.

Es würde den Rahmen dieses Buches völlig sprengen, auch nur diese Zeigerarten vollständig in Wort und Bild darzustellen. Bewußt sollen hier lediglich solche Kleintiere, häufige und seltene, aufgezeigt werden, die der interessierte Naturfreund leicht und ohne Störung anderer Arten entdecken und erkennen kann. Wer sich wissenschaftlich informieren will, sei auf die Spezialliteratur verwiesen. Der Naturwissenschaftliche Verein für Schwaben hilft dabei gerne.

Jan
Feb
Mär
Apr
Mai
Jun
Jul
Aug
Sep
Okt
Nov
Dez

Schneeheide
Erica herbacea
Heidekrautgewächse
(3-4), smed., dealp.

Vereinzelt am Auensaum; im Rückgang.

Jan
Feb
Mär
Apr
Mai
Jun
Jul
Aug
Sep
Okt
Nov
Dez

Gewöhnliche Küchenschelle
Pulsatille vulgaris *Hahnenfußgewächse* *(3-4), kont.*

Zerstreut auf beiden Heiden; früher häufig, besonders auf der Kissinger Heide.

Jan
Feb
Mär
Apr
Mai
Jun
Jul
Aug
Sep
Okt
Nov
Dez

Erd-Segge

Carex humilis *Riedgrasgewächse* *(3-4), kont.*

Bulte bildend, zur Blütezeit auffallend durch die deutlich gelben Staubblätter.

Jan
Feb
Mär
Apr
Mai
Jun
Jul
Aug
Sep
Okt
Nov
Dez

Rauhhaariges Veilchen

Viola hirta *Veilchengewächse* *(3-4), smed.*

Häufigste Veilchenart unserer Lechheiden, früh blühend mit weißer Farbvariante (selten).

Jan
Feb
Mär
Apr
Mai
Jun
Jul
Aug
Sep
Okt
Nov
Dez

Rötliches Fingerkraut

Potentilla heptaphylla *Rosengewächse* *(4-5), kont.*

Einer der ersten Frühlingsblüher auf den Heiden. Nahe verwandt mit dem Frühlings-Fingerkraut *(Potentilla tabernaemontani)*, das gleichzeitig blüht.

Jan
Feb
Mär
Apr
Mai
Jun
Jul
Aug
Sep
Okt
Nov
Dez

Lavendel-Weide

Salix eleagnos *Weidengewächse* *(4), dealp.*

Selten am Auwaldsaum, mit länglichen Kätzchen und gelben Staubblättern (verblüht).

Jan
Feb
Mär
Apr
Mai
Jun
Jul
Aug
Sep
Okt
Nov
Dez

Kriech-Weide

Salix repens *Weidengewächse* *(4), no., euras.*

Diese kleinwüchsige Weide wird auf der Königsbrunner Heide an feuchten Stellen beobachtet.

Jan
Feb
Mär
Apr
Mai
Jun
Jul
Aug
Sep
Okt
Nov
Dez

Berg-Hahnenfuß

Ranunculus montanus *Hahnenfußgewächse* (4-5), *dealp.*

Am Ölbach im Nordbereich der Königsbrunner Heide finden wir vereinzelt diese frühblühende Art.

Jan
Feb
Mär
Apr
Mai
Jun
Jul
Aug
Sep
Okt
Nov
Dez

Regensburger Geißklee

Chamaecytisus ratisbonensis *Schmetterlingsblütler* (4-5), *dealp.*

Der Zwergstrauch wächst nicht selten auf beiden Heiden und hat am Lech seine Westgrenze.

Jan
Feb
Mär
Apr
Mai
Jun
Jul
Aug
Sep
Okt
Nov
Dez

Herzblättrige Kugelblume

Globularia cordifolia *Kugelblumengewächse* *(4-5), dealp.*

Halbstrauchig, Blätter leicht herzförmig ausgerundet. Einzig auf der Hasenheide.

Jan
Feb
Mär
Apr
Mai
Jun
Jul
Aug
Sep
Okt
Nov
Dez

Gewöhnliche Kugelblume

Globularia elangala *Kugelblumengewächse* *(4-5), smed.*

Krautig, Fruchtstände bis 20 cm lang; zerstreut auf beiden Heiden.

Jan
Feb
Mär
Apr
Mai
Jun
Jul
Aug
Sep
Okt
Nov
Dez

Heideröschen

Daphne cneorum *Seidelbastgewächse* *(5), alp., smed.*

Der duftende Zwergstrauch mit dunkel rosa Blüten wächst sehr zerstreut vornehmlich am Auwaldrand der beiden Heiden.

Jan
Feb
Mär
Apr
Mai
Jun
Jul
Aug
Sep
Okt
Nov
Dez

Scheiden-Kronwicke

Coronilla vaginalis *Schmetterlingsblütengewächse* *(5), dealp.*

Nebenblätter in zweispitzige Scheide verwachsen; Blättchen grau bereift mit kleiner Spitze; selten geworden.

Jan
Feb
Mär
Apr
Mai
Jun
Jul
Aug
Sep
Okt
Nov
Dez

Hufeisenklee

Hippocrepis comosa
Schmetterlingsblütler

(5-7), alp., smed.

Bei genügend Freiraum dichte Populationen bildend.

Jan
Feb
Mär
Apr
Mai
Jun
Jul
Aug
Sep
Okt
Nov
Dez

Zwergbuchs

Polygala chamaebuxus *Kreuzblumengewächse* *(5), dealp.*

Blätter immergrün, Blüten zum Teil gelbrötlich überlaufen; sehr zerstreut auf beiden Heiden.

Jan
Feb
Mär
Apr
Mai
Jun
Jul
Aug
Sep
Okt
Nov
Dez

Gewöhnlicher Hornklee
Lotus corniculatus
Schmetterlingsblütengewächse
(5-8), smed.
Weit zerstreut auf beiden Heiden.

Jan
Feb
Mär
Apr
Mai
Jun
Jul
Aug
Sep
Okt
Nov
Dez

Mehlprimel
Primula farinosa
Primelgewächse
(5), no., praealp.

An feuchten Stellen der Königsbrunner Heide.

Jan
Feb
Mär
Apr
Mai
Jun
Jul
Aug
Sep
Okt
Nov
Dez

Stengelloser Enzian

Gentiana clusii *Enziangewächse* *(4-5), dealp.*

Auf den Lechheiden im allgemeinen im Rückgang. In Teilen der Kissinger Heide noch relativ zahlreich, auf der Königsbrunner Heide vereinzelt.

Jan
Feb
Mär
Apr
Mai
Jun
Jul
Aug
Sep
Okt
Nov
Dez

Frühlings-Enzian

Gentiana verna *Enziangewächse* *(4-5), dealp.*

Auch diese Art zeigt deutliche Abnahme, zerstreut bis sehr zerstreut auf beiden Heiden.

Jan
Feb
Mär
Apr
Mai
Jun
Jul
Aug
Sep
Okt
Nov
Dez

Sumpf-Kreuzblume

Polygala amarella — *Kreuzblumengewächse* — *(5-6), kont., smed.*

Blätter leicht bitter schmeckend; nicht nur auf feuchte Stellen angewiesen; sehr zerstreut auf beiden Heiden.

Jan
Feb
Mär
Apr
Mai
Jun
Jul
Aug
Sep
Okt
Nov
Dez

Alpen-Pippau

Crepis alpestris
Korbblütler

(5-6), dealp.

Zerstreut auf beiden Heiden. An den weißen Fruchthaaren nach der Blüte deutlich erkennbar.

Jan
Feb
Mär
Apr
Mai
Jun
Jul
Aug
Sep
Okt
Nov
Dez

Schlauch-Enzian
Gentiana utriculosa
Enziangewächse
(5), dealp.

Die in Deutschland nur in Südbayern vorkommende Enzianart mit aufgeblasenem Kelch; kommt in der Königsbrunner Heide an einem Wuchsort vor.

Jan
Feb
Mär
Apr
Mai
Jun
Jul
Aug
Sep
Okt
Nov
Dez

Helm-Knabenkraut
Orchis militaris
Korbblütler
(5-6), smed.

Die Pflanze war vor Jahrzehnten die häufigste Orchidee auf unseren Lechheiden; heute wächst sie auf der Kissinger Heide selten, sehr selten auf der Königsbrunner Heide.

Jan
Feb
Mär
Apr
Mai
Jun
Jul
Aug
Sep
Okt
Nov
Dez

Geschnäbeltes Leinblatt

Thesium rostratum *Sandelgewächse* *(5-6), dealp.*

Diese Art ist auf den beiden Heiden das häufigste Leinblatt. Von den zwei weiteren auf den Heiden wachsenden Sippen unterscheidet sie sich durch den deutlichen Blattschopf auf den verblühten Trieben.

Jan
Feb
Mär
Apr
Mai
Jun
Jul
Aug
Sep
Okt
Nov
Dez

Salomonssiegel

Polygonatum odoratum
Liliengewächse

(5), kont.

Mit ihren bogig übergeneigten Trieben und dem kantigen Stengel ist die Pflanze unverkennbar.

Jan
Feb
Mär
Apr
Mai
Jun
Jul
Aug
Sep
Okt
Nov
Dez

Echter Wundklee

Anthyllis vulneraria *Schmetterlingsblütengewächse* (5-7), smed.

Nicht selten auf der Königsbrunner Heide.

Jan
Feb
Mär
Apr
Mai
Jun
Jul
Aug
Sep
Okt
Nov
Dez

Spargelschote

Tetragonolobus maritimus
Schmetterlingsblütengewächse
(5-6), euras.

Auf der Königsbrunner Heide zerstreut.

Jan
Feb
Mär
Apr
Mai
Jun
Jul
Aug
Sep
Okt
Nov
Dez

Brillenschötchen

Biscutella laevigata

Kreuzblütler

(5-6), dealp.

Die brillenförmigen Schoten werden dem deutschen Namen gerecht. Auf unseren Lechheiden zerstreut bis verbreitet.

Jan
Feb
Mär
Apr
Mai
Jun
Jul
Aug
Sep
Okt
Nov
Dez

Früher Thymian

Thymus praecox *Lippenblütler* *(5-7), kont.*

Duftend, manchmal kleine Rasen bildend; auf den Lechheiden die vorherrschende Quendelart.

Kleines Knabenkraut
Orchis morio
Orchideen
(5-6), smed.

Die im Gebiet am frühesten blühende Orchidee (farbverschiedene Exemplare) wächst auf der Königsbrunner Heide, in abnehmenden Zahlen vornehmlich auf dem westlich angrenzenden Teil der Hasenheide.

Jan
Feb
Mär
Apr
Mai
Jun
Jul
Aug
Sep
Okt
Nov
Dez

Jan
Feb
Mär
Apr
Mai
Jun
Jul
Aug
Sep
Okt
Nov
Dez

Schwarzes Kopfriet
Schoenus nigricans *Sauergräser* *(5-7), med., subalp.*

Sehr zerstreut auf der Königsbrunner Heide, zusammen mit dem

Rostroten Kopfriet
Schoenus ferrugineus *Sauergräser* *(5-7), med., subalp.*

Beide Arten finden sich in feuchteren alten Flutmulden, sehr zerstreut.

Jan
Feb
Mär
Apr
Mai
Jun
Jul
Aug
Sep
Okt
Nov
Dez

Akeleiblättrige Wiesenraute
Thalictum aquilegifolium
Hahnenfußgewächse
(5-6), smed.

Die stattliche Pflanze ist auf beiden Heiden selten anzutreffen

Jan
Feb
Mär
Apr
Mai
Jun
Jul
Aug
Sep
Okt
Nov
Dez

Berg-Klee
Trifolium montanum
Schmetterlingsblütengewächse
(5-7), smed.

Die kleine Kleeart mit weißer Krone und schmalen Blättchen findet sich relativ häufig auf den Lechheiden.

Jan
Feb
Mär
Apr
Mai
Jun
Jul
Aug
Sep
Okt
Nov
Dez

Alpen-Maßliebchen

Aster bellidiastrum

Korbblütler

(5-6), alp., praealp.

Unserem Gänseblümchen sehr ähnlich, aber mit hellerem spitzzähnigem Kelch. Auf beiden Heiden selten geworden.

Jan
Feb
Mär
Apr
Mai
Jun
Jul
Aug
Sep
Okt
Nov
Dez

Hügel-Meister

Asperula cynanchica *Krappgewächse* *(5-6), smed.*

Die kleine Pflanze breitet sich gerne in kleinen Bulten aus; die weißen Blüten sind vierspaltig. Auf unseren Lechheiden verbreitet.

Jan
Feb
Mär
Apr
Mai
Jun
Jul
Aug
Sep
Okt
Nov
Dez

Gewöhnliches Sonnenröschen

Helianthemum nummularium *Zistrosengewächse* *(5-8), smed.*

Auf Lechschotterheiden zerstreut bis verbreitet.

Jan
Feb
Mär
Apr
Mai
Jun
Jul
Aug
Sep
Okt
Nov
Dez

Rauher Alant

Inula hirta *Korbblütler* *(6-7), kont.*

Die Pflanze trägt dazu bei, daß im späten Frühjahr die gelbe Farbe in der Königsbrunner Heide überwiegt; die Blütenblätter sind sehr schmal und zugespitzt. Oft in gedrängter Population.

Jan
Feb
Mär
Apr
Mai
Jun
Jul
Aug
Sep
Okt
Nov
Dez

Färber-Meister
Asperula tinctoria
Krappgewächse

(6), kont.

Wie ein feiner Schleier überziehen die kleinen weißen Blüten dieser Art die Königsbrunner Heide; sie fehlt auf der Kissinger Heide.

Jan
Feb
Mär
Apr
Mai
Jun
Jul
Aug
Sep
Okt
Nov
Dez

Grauer Löwenzahn
Leontodon incanus
Korbblütler

(6-7), dealp.

Ihre Blätter sind im Unterschied zu anderen Leontodonarten graufilzig und fast ganzrandig. Eine Pflanze der Lechheiden, sonst selten.

Jan
Feb
Mär
Apr
Mai
Jun
Jul
Aug
Sep
Okt
Nov
Dez

Echte Mondraute

Botrychium lunaria
Natternfarne

(5-6), no., praealp.

Dieser Zeuge früher Pflanzenentwicklung und Sporenträger findet sich selten auf der Königsbrunner Heide.

Jan
Feb
Mär
Apr
Mai
Jun
Jul
Aug
Sep
Okt
Nov
Dez

Spinnen-Ragwurz

Ophrys sphecodes
Orchideen

(6), smed.

Diese seltenste Ragwurzart beobachteten wir noch nach dem Krieg nicht selten auf den beiden Heiden; bis vor einigen Jahren war sie auf der Hasenheide zu finden, heute noch in einigen Exemplaren auf der Kissinger Heide. Orchideen können längere Zeit ausbleiben; so wollen wir hoffen, daß sie wieder auftaucht.

Jan
Feb
Mär
Apr
Mai
Jun
Jul
Aug
Sep
Okt
Nov
Dez

Kriechendes Gipskraut

Gypsophila repens *Nelkengewächse* *(6-7), dealp.*

Eine vor langen Jahren vom Lech herabgeschwemmte Alpenpflanze hat auf den beiden Heiden ihre nördlichsten Wuchsorte.

Jan
Feb
Mär
Apr
Mai
Jun
Jul
Aug
Sep
Okt
Nov
Dez

Abgebissener Pippau

Crepis praemorsa
Korbblütler
(6), smed., kont.

Eine von der Alb flußaufwärts gewanderte Sippe mit mehrköpfigen Blütentrieben; selten auf unseren Heiden.

Jan
Feb
Mär
Apr
Mai
Jun
Jul
Aug
Sep
Okt
Nov
Dez

Großes Zweiblatt

Listera ovata — *Orchideen* — *(5-6), euras., smed.*

Eine der häufigsten in Deutschland vorkommenden Orchideen mit eiförmigen großen Blättern und grünen Blüten; selten auf beiden Heiden.

Jan
Feb
Mär
Apr
Mai
Jun
Jul
Aug
Sep
Okt
Nov
Dez

Korallenwurz

Corallorhiza trifida
Orchideen
(6), sm, arktisch

Eine Moderpflanze (Saprophyt); wächst in wenigen Exemplaren in dem Nadelgehölz zwischen Königsbrunner und Hasenheide.

Jan
Feb
Mär
Apr
Mai
Jun
Jul
Aug
Sep
Okt
Nov
Dez

Hoppe's Habichtskraut

Hieracium hoppeanum *Korbblütler* *(5-7), dealp.*

Die Art zeigt zitronengelbe Blüten und weist kurze Ausläufer auf. Eine seltene, fast nur im Lechbereich vorkommende Pflanze. Auf der Königsbrunner Heide, besonders in der Hasenheide nicht selten.

Jan
Feb
Mär
Apr
Mai
Jun
Jul
Aug
Sep
Okt
Nov
Dez

Nestwurz

Neottia nidus-avis
Orchideen
(5-6), euras., smed.

Wie die Korallenwurz ein Saprophyt. Auf beiden Heiden im Auengehölz selten.

Jan
Feb
Mär
Apr
Mai
Jun
Jul
Aug
Sep
Okt
Nov
Dez

Niedrige Schwarzwurzel

Scorzonera humilis *Korbblütler* *(6), kont.*

Auf beiden Heiden sehr zerstreut, aber gesellig.

Jan
Feb
Mär
Apr
Mai
Jun
Jul
Aug
Sep
Okt
Nov
Dez

Rindsauge

Buphthalmum salicifolium
Korbblütler
(6-8), praealp.

Verbreitet auf unseren Lechheiden. Eine Sippe mit langer Blütezeit, die mit ihren großen Strahlenblüten unsere südbayrischen Heiden prägt.

Jan
Feb
Mär
Apr
Mai
Jun
Jul
Aug
Sep
Okt
Nov
Dez

Große Braunelle
Prunella grandiflora
Lippenblütengewächse
(6-8), kont.

Zerstreut auf beiden Heiden mit großen blauvioletten Blüten.

Jan
Feb
Mär
Apr
Mai
Jun
Jul
Aug
Sep
Okt
Nov
Dez

Schwarz-werdender Geißklee
Lembotropis nigricans

(6), smed, euras.

Früher selten auf beiden Heiden.

Jan
Feb
Mär
Apr
Mai
Jun
Jul
Aug
Sep
Okt
Nov
Dez

Nordisches Labkraut

Galium boreale

Rötegewächse

(6), no., euras.

Mit üppig weißer kleinblütiger Krone; zerstreut auf beiden Heiden.

Jan
Feb
Mär
Apr
Mai
Jun
Jul
Aug
Sep
Okt
Nov
Dez

Fliegen-Ragwurz

Ophrys insectifera

Orchideen

(5-6), smed.

Die Pflanze macht im Blütenbild ihrem Namen Ehre; zerstreut, unterschiedlich in den einzelnen Jahren beobachten wir sie auf beiden Heiden.

Jan
Feb
Mär
Apr
Mai
Jun
Jul
Aug
Sep
Okt
Nov
Dez

Hummel-Ragwurz
Ophrys holoserica
Orchideen

(5-6), smed.

Ein Juwel unserer Lechheiden ist diese seltene Ragwurz; leider ist sie seltener geworden.

Jan
Feb
Mär
Apr
Mai
Jun
Jul
Aug
Sep
Okt
Nov
Dez

Mücken-Händelwurz
Gymnadenia conopea
Orchideen

(6-8), no., smed.

Im Unterschied zeigt diese stattliche Orchidee mit vielen Einzelblüten und relativ langer Blütendauer eine erfreuliche Konstanz und ist auf unseren Heiden zahlreich vertreten.

Jan
Feb
Mär
Apr
Mai
Jun
Jul
Aug
Sep
Okt
Nov
Dez

Gelbe Resede

Reseda lutea

Resedengewächse

(6), smed.

Obwohl keine typische Heidepflanze gehört der wilde Wau, wie er auch genannt wird, zu unseren alteingesessenen Magerrasen-Sippen.

Jan
Feb
Mär
Apr
Mai
Jun
Jul
Aug
Sep
Okt
Nov
Dez

Felsen-Kreuzdorn

Rhamnus saxatilis

Kreuzdorn-Gewächse

(6), praealp., smed.

Ein weithin auf das Lechgebiet beschränkter Kleinstrauch, der auf unseren Heiden Heimatrecht genießt.

Jan
Feb
Mär
Apr
Mai
Jun
Jul
Aug
Sep
Okt
Nov
Dez

Skabiosen Flockenblume
Centaurea scabiosa
Korbblütler
(6-8), euras., smed.

Die stattliche Pflanze ist in den Sommermonaten eine gute Bienen- und Schmetterlingsweide ; ihre tief eingeschnittenen Blätter ähneln denen der Skabiose.

Jan
Feb
Mär
Apr
Mai
Jun
Jul
Aug
Sep
Okt
Nov
Dez

Klebriger Lein
Linum viscosum *Lein-Gewächse* *(6-7), smed.*

Eine seltene, fast ausschließlich im Lechbereich vorkommende Pflanze. Auf unseren Heiden hat sie sich in den letzten Jahren vermehrt.

Schwarze Akelei

Aquilegia atrata *Hahnenfuß-Gewächse* *(6-7), praealp.*

Diese Art ist weitgehend nur im Einflussgebiet unseres Lechs zu beobachten. Im Unterschied zu der gemeinen Akelei weist sie den Blütenrand überragende Staubblätter auf.

Jan
Feb
Mär
Apr
Mai
Jun
Jul
Aug
Sep
Okt
Nov
Dez

Begrannter Klappertopf

Rhinanthus glacialis

Braunwurz-Gewächse

(6), sm, euras.

Blätter mit grannenartig zugespitzten Zähnen; auf den Heiden unterschiedlich verbreitet; Halbschmarotzer.

Jan Feb Mär Apr Mai **Jun** Jul Aug Sep Okt Nov Dez

Brandknabenkraut

Orchis ustulata *Orchideen* *(6), smed.*

Infolge des schwarzpurpurnen Helmkopfes deutlich zu erkennen; zum Teil in kleinen Gruppen stehend. Auf unseren Lechheiden zerstreut, eher häufiger geworden.

Jan Feb Mär Apr Mai **Jun** **Jul** **Aug** Sep Okt Nov Dez

Zierliche Sommerwurz

Orobanche gracilis
Sommerwurz-Gewächse
(6-8), kont.

Diese Schmarotzerart ist die häufigste auf unseren Lechheiden und hat Lippenblütler wie Horn- und Hufeisenklee als Wirte. Feiner Nelkenduft, rot-purpurne Unterseite der Blütenoberlippe, Farbe hellgelb bis dunkelbraun.

Jan
Feb
Mär
Apr
Mai
Jun
Jul
Aug
Sep
Okt
Nov
Dez

Stein-Fiederzwenke
Brachypodium rupestre
Süßgräser
(6), smed.-subatl.

Das Gras ist vornehmlich in Südbayern zu Hause und neben der aufrechten Trespe die vorherrschende Art auf unseren Schotterheiden.

Jan
Feb
Mär
Apr
Mai
Jun
Jul
Aug
Sep
Okt
Nov
Dez

Knöllchen-Knöterich
Polygonum viviparum *Knöterich-Gewächse* *(6-7), dealp.*

Die Scheinähre unterwärts mit Brutknöllchen.

Jan
Feb
Mär
Apr
Mai
Jun
Jul
Aug
Sep
Okt
Nov
Dez

Knollige Spierstaude
Filipendula vulgaris
Rosengewächse
(6-7), euras., med.

Zerstreut auf beiden Heiden; mit zahlreichen eingeschnittenen Fiederblättchen und weißen Blüten eine auffallende Pflanze.

Jan
Feb
Mär
Apr
Mai
Jun
Jul
Aug
Sep
Okt
Nov
Dez

Steinbrech-Felsennelke
Petrorhagia saxifraga *Nelkengewächse* *(6-8), smed.*

Die zierliche konkurrenzschwache Nelkenart wächst ausschließlich nur in Südbayern und hat sich im Gebiet z.B. auf die Hasenheide zurückgezogen.

Jan
Feb
Mär
Apr
Mai
Jun
Jul
Aug
Sep
Okt
Nov
Dez

Sumpf-Gladiole
Gladiolus palustris
Schwertlilien-Gewächse
(6-7), smed.

Diese Pflanze hat die Königsbrunner Heide weithin in der botanischen Welt bekannt gemacht. Die jeweilige Zahl ist witterungsabhängig. In niederschlagsreichen Jahren blühen tausende der prächtigen purpurfarbenen Glocken.

Jan
Feb
Mär
Apr
Mai
Jun
Jul
Aug
Sep
Okt
Nov
Dez

Wiesen-Salbei
Salvia pratensis
Lippenblütler
(6-8), smed.

Wir haben hier keine ausgesprochene Heidepflanze vor uns. Mit ihren großen dunkelblauen Blüten ergänzt sie die sommerliche Farbenpracht unserer Heidewiesen.

Jan
Feb
Mär
Apr
Mai
Jun
Jul
Aug
Sep
Okt
Nov
Dez

Natternkopf

Echium vulgare *Boretsch-Gewächse* *(6-8), smed.*

Diese stattliche, blaublühende Art finden wir zerstreut auf der Königsbrunner Heide (Hasenheide).

Jan
Feb
Mär
Apr
Mai
Jun
Jul
Aug
Sep
Okt
Nov
Dez

Berg-Distel

Carduus defloratus
Korbblütler

(6-7), smed.

Eine aus dem Alpenraum kommende, dem Flußlauf folgende Sippe; auf unseren Heiden ist sie zerstreut anzutreffen.

Jan
Feb
Mär
Apr
Mai
Jun
Jul
Aug
Sep
Okt
Nov
Dez

Bienen-Ragwurz
Ophrys apifera
Orchideen
(6-7), smed.

Die Art war Jahrzehnte in unserem Bereich verschollen und wurde 1964 auf der Königsbrunner Heide neu entdeckt. Wie die meisten Orchideen ist sie unstet in ihrem Auftreten, taucht aber immer wieder auf der Königsbrunner Heide auf.

Jan
Feb
Mär
Apr
Mai
Jun
Jul
Aug
Sep
Okt
Nov
Dez

Warzen-Wolfsmich
Euphorbia verrucosa
Wolfsmilch-Gewächse
(6), kont.-euras.

Neben der häufig vorkommenden Zypressen-Wolfsmilch mit schmallanzettlichen Blättern ist die seltenere Warzen-Wolfsmilch mit schmalovalen Blättern und kleinen Warzen auf den Früchten auf unseren Heiden zerstreut zu beobachten.

Weiße Waldhyazinthe

Platanthera bifolia

Orchideen

(6-7), no smed.

Diese weißblühende Orchidee mit langen gebogenen Sporen und breiten Grundblättern wächst auf der Kissinger Heide zerstreut, auf der Königsbrunner Heide vereinzelt. Ihre nahe, etwas später blühende Verwandte, die Bergwald-Hyazinthe (*Platanthera chlorantha*) mit gelblichen Blüten findet sich auf der Kissinger Heide sehr zerstreut.

Jan Feb Mär Apr Mai **Jun** **Jul** Aug Sep Okt Nov Dez

Dorniger Hauhechel

Ononis spinosa

Schmetterlingsblüller

(6-7), kont.

Beide Arten, so auch der Kriechende Hauhechel (*Ononis repens*), gehören zur Sommergarnitur unserer Heiden und sind dort zerstreut anzutreffen.

Jan Feb Mär Apr Mai **Jun** **Jul** Aug Sep Okt Nov Dez

Jan Feb Mär Apr Mai **Jun** **Jul** Aug Sep Okt Nov Dez

Kamm-Wachtelweizen

Melampyrum cristatum — *Braunwurzgewächse* — *(6-8), smed-euras.*

Benannt nach den kammförmigen Deckblättern; die gelblich weißen bis purpurnen Blüten geben der Pflanze ein bizarres Aussehen. Auf der Kissinger Heide ist sie nicht selten.

Jan Feb Mär Apr Mai **Jun** **Jul** **Aug** Sep Okt Nov Dez

Karthäuser Nelke

Dianthus carthusianorum — *Nelkengewächse* — *(6-8), smed.*

Diese hübsche Pflanze, oft mit mehrköpfigen Blütenständen, findet sich nur auf der Hasenheide.

Jan
Feb
Mär
Apr
Mai
Jun
Jul
Aug
Sep
Okt
Nov
Dez

Kleinblütiger Wiesenbocksbart
Tragopogon minor
Korbblütler
(6-7), euras.

Bei dieser Sippe sind die Hüllblätter im Unterschied zu verwandten Arten deutlich länger als die Blütenblätter, sehr zerstreut auf der Königsbrunner Heide.

Jan
Feb
Mär
Apr
Mai
Jun
Jul
Aug
Sep
Okt
Nov
Dez

Knäuel-Glockenblume
Campanula glomerata
Glockenblumengewächse
(6-8), smed.

Die Pflanzre mit bis zu 20 seiten- und endständigen blauen Einzelblüten wächst auf unseren Heiden zerstreut, ist selten geworden.

Jan
Feb
Mär
Apr
Mai
Jun
Jul
Aug
Sep
Okt
Nov
Dez

Pyramiden-Spitzorchis
Anacamptis pyramidalis
Orchideen
(6-7), smed.

Diese weithin bedrohte Orchidee ist auf den beiden Heiden selten und vereinzelt zu finden.

Jan
Feb
Mär
Apr
Mai
Jun
Jul
Aug
Sep
Okt
Nov
Dez

Labkraut-Wiesenraute
Thalictrum galioides
Hahnenfußgewächse
(6-7), kont., smed.

Wiederum eine seltene Art unserer beiden Heiden; sehr zerstreut finden wir sie mit zarten Fiederblättern und kleinen grünen Blüten in zusammenstehenden Populationen.

Berg-Laserkraut

Laserpitium siler — *Doldengewächse* — *(6-7), dealp.*

Vor über 100 Jahren wurde die stattliche Pflanze auf einer Heidewiese südlich von Augsburg beschrieben. Heute findet sich auf der Königsbrunner Heide ein stattlicher Bestand; in Südbayern ist es das nördlichste Vorkommen.

Berg-Haarstrang

Peucedanum oreoselinum
Doldengewächse
(6-8), kont., smed.

Zahlreich auf unseren Heiden mit einer Höhe bis 1 Meter; erkennbar an der kniеartig abgebogenen Blattspindel bei jedem Fieder.

Jan
Feb
Mär
Apr
Mai
Jun
Jul
Aug
Sep
Okt
Nov
Dez

Berg-Gamander

Teucrium montanum *Lippenblütler* *(6-8), smed.*

Die kleine konkurrenzschwache Art benötigt offene Böden. Selten auf beiden Heiden.

Jan
Feb
Mär
Apr
Mai
Jun
Jul
Aug
Sep
Okt
Nov
Dez

Hoher Steinklee

Melilotus altissimus
Schmetterlingsblütler
(6-7), smed., euras.

Diese über 1 Meter hohe Pflanze mit gelben Blüten wächst selten am Auensaum der Königsbrunner Heide.

Schweizer Moosfarn

Selaginella helvetica *Moosfarne* *(6-7), smed., euras.*

Ein Zeuge uralter Pflanzengeschichte. Er findet sich sehr zerstreut auf offenen Stellen der Kissinger Heide mit bis 8 cm hohen sporentragenden Trieben.

Jan
Feb
Mär
Apr
Mai
Jun
Jul
Aug
Sep
Okt
Nov
Dez

Geflecktes Ferkelkraut

Hypochoeris maculata
Korbblütler

(6-7), kont.

Die Pflanze kann bis 1 Meter hoch werden, weist braungefleckte Rosettenblätter auf und kommt vereinzelt auf der Königsbrunner Heide vor.

Jan
Feb
Mär
Apr
Mai
Jun
Jul
Aug
Sep
Okt
Nov
Dez

Jan
Feb
Mär
Apr
Mai
Jun
Jul
Aug
Sep
Okt
Nov
Dez

Ästiger Schachtelhalm

Equisetum ramosissimum
Schachtelhalmgewächse
(6-7), kont., euras.

Der seltene hochwüchsige Schachtelhalm wächst zerstreut auf beiden Heiden. Mit dem Bunten Schachtelhalm (*Equisetum variegatum*) gekreuzt bildet er mancherorts kleinflächige dichte Bestände, die sich zu Störfeldern entwikkeln können.

Jan
Feb
Mär
Apr
Mai
Jun
Jul
Aug
Sep
Okt
Nov
Dez

Weidenblättriger Alant

Inula salicina
Korbblütler
(6-8), kont., euras.

Eine nahe Verwandte zum Rauhen Alant (*Inula hirta*). Sie hat keine rauhhaarigen Blätter und blüht später. Durch Ausläufer kann sie sich flächendeckend ausbreiten und u.U. Pflegemaßnahmen erfordern.

Jan
Feb
Mär
Apr
Mai
Jun
Jul
Aug
Sep
Okt
Nov
Dez

Echter Sumpfstendel
Epipactis palustris
Orchideen
(6-7), euras., smed.

Zerstreut auf beiden Heiden an feuchten Orten.

Jan
Feb
Mär
Apr
Mai
Jun
Jul
Aug
Sep
Okt
Nov
Dez

Kugel-Teufelskralle
Phyteuma orbiculare
Glockenblumengewächse
(6-7), praealp.

Die schmucke Art mit ihren blauen Blüten ist auf unseren Heiden zerstreut bis verbreitet.

Jan
Feb
Mär
Apr
Mai
Jun
Jul
Aug
Sep
Okt
Nov
Dez

Astige Graslilie
Anthericum ramosum
Korbblütler
(7-8), kont. smed.

In der Hochblüte der Königsbrunner Heide bilden die zierlichen weißen Blüten mit dem Purpur der Sumpfgladiole ein prächtiges Farbenspektrum. Häufiger geworden, besonders auf der Königsbrunner Heide.

Jan
Feb
Mär
Apr
Mai
Jun
Jul
Aug
Sep
Okt
Nov
Dez

Knollige Kratzdistel
Cirsium tuberosum
Korbblütler
(7-8), dealp.

Häufig auf unseren Lechheiden, gute Schmetterlingsweide; auf dem Bild mit dem seltenen Ameisen-Bläuling.

Breitblättriger Sumpfstendel
Epipactis helleborine
Orchideen

(7-8), smed.

Am Auenrand beider Heiden findet man vereinzelt diese Orchidee mit eiförmigen Blättern und zahlreichen purpurnen Blüten.

Kreuz-Enzian
Gentiana cruciata
Enzian-Gewächse

(7-8), euras., kont.

Auf unseren Heiden sehr zerstreut. Tendenz zum Ausbreiten.

Jan
Feb
Mär
Apr
Mai
Jun
Jul
Aug
Sep
Okt
Nov
Dez

Färber-Scharte

Serratula tinctoria
Korbblütler
(7-8), euras., smed.

Sehr zerstreut wächst die zum Teil hochwüchsige Pflanze in wechselfeuchten Vertiefungen auf der Königsbrunner Heide.

Jan
Feb
Mär
Apr
Mai
Jun
Jul
Aug
Sep
Okt
Nov
Dez

Wiesen-Flockenblume

Centaurea jacea *Korbblütler* *(7-9), euras., smed.*

Auf unseren Heiden darf diese Art nicht fehlen und ist bis in den Herbst eine begehrte Bienenweide, hier angeflogen vom Schachbrettfalter.

Jan
Feb
Mär
Apr
Mai
Jun
Jul
Aug
Sep
Okt
Nov
Dez

Wohlriechende Skabiose

Scabiosa canescens *Kardengewächse* *(7-9), kont.*

Später als ihre nahe Verwandte (Tauben-Skabiose; *Scabiosa columbaria*), die dunkle Hüllborsten aufweist, zeigt diese Art hellere Borsten. Sie ist viel seltener und praktisch auf das Lechgebiet beschränkt. Sie duftet leicht und wird zerstreut auf beiden Heiden beobachtet, besonders auf der Hasenheide.

Jan
Feb
Mär
Apr
Mai
Jun
Jul
Aug
Sep
Okt
Nov
Dez

Rohr-Pfeifengras

Molinia arundinacea
Süßgräser

(7-8), euras.

Die über 2 Meter hoch werdende Pflanze ist auf unseren zum Teil wechselfeuchten Heiden zu einem lästigen Störfaktor geworden. Dank ihrer Ausläufer kann sie dichte Bestände bilden und wertvolle kleinwüchsige Arten verdrängen.

Jan
Feb
Mär
Apr
Mai
Jun
Jul
Aug
Sep
Okt
Nov
Dez

Jakobs-Greiskraut
Senecio jacobaea
Korbblütler
(7-9), kont.

Diese hochwüchsige Art ist mit ihren großen gelben Strahlenblüten wie ihre nahe Verwandte, das Raukenblättrige Greiskraut (*Senecio erucifolia*) vereinzelt eine herbstliche Zierde der beiden Heiden.

Jan
Feb
Mär
Apr
Mai
Jun
Jul
Aug
Sep
Okt
Nov
Dez

Salzburger Augentrost
Euphrasia salisburgensis
Braunwurzgewächse
(7-9), alp., praealp.

Der seltene Augentrost mit schmalen, länglichen Blättern; hier an der Nordgrenze seiner Verbreitung.

Jan
Feb
Mär
Apr
Mai
Jun
Jul
Aug
Sep
Okt
Nov
Dez

Schwalbwurz-Enzian
Gentiana asclepiadea
Enziangewächse
(7-8), dealp.

Mit mehreren Stengeln und zahlreichen Blüten ist die aus den Alpen zugewanderte prächtige Pflanze auf den beiden Heiden sehr selten geworden.

Jan
Feb
Mär
Apr
Mai
Jun
Jul
Aug
Sep
Okt
Nov
Dez

Sumpf-Herzblatt
Parnassia palustris
Herzblattgewächse
(7-8), cirsum praealp.

Auch diese Art ist, wie schon der Name sagt, auf wechselfeuchten Boden angewiesen und kommt auf den Heiden sehr zerstreut bis selten vor.

Jan
Feb
Mär
Apr
Mai
Jun
Jul
Aug
Sep
Okt
Nov
Dez

Berg-Aster
Aster amellus
Korbblütler

(7-9), kont.

Die Sippe ist der Alpen-Aster (*Aster alpinus*) sehr ähnlich, ist aber meist mehrköpfig; in den letzten Jahren hat sie sich auf der Königsbrunner Heide etwas vermehrt.

Jan
Feb
Mär
Apr
Mai
Jun
Jul
Aug
Sep
Okt
Nov
Dez

Wohlriechender Lauch
Allium suaveolens
Liliengewächse

(7-9) smed.

In Deutschland kommt dieser Lauch nur in Südbayern vor und ist dem Lech bis zur Donau gefolgt. Die leicht duftende Pflanze ist auf beiden Heiden zum Teil in größeren Populationen vorhanden. Zur Erkennung: Die Staubblätter überragen die Perigonblätter sehr deutlich.

Berg-Lauch

Allium montanum

Liliengewächse

(7-8), kont.

Diese etwas kleinere Art mit kugeliger Scheindolde ist besonders auf der Kissinger Heide vertreten.

Jan Feb Mär Apr Mai Jun **Jul** **Aug** Sep Okt Nov Dez

Ähriger Ehrenpreis

Veronica spicata

Braunwurzgewächse

(7-8), kont.

Sehr zerstreut auf beiden Heiden mit langer schmaler Ähre und dichtem tiefblauem Blütenkranz.

Jan Feb Mär Apr Mai Jun **Jul** **Aug** Sep Okt Nov Dez

Jan
Feb
Mär
Apr
Mai
Jun
Jul
Aug
Sep
Okt
Nov
Dez

Kelch-Simsenlilie
Tofieldia calyculata
Liliengewächse
(7-8), smed., dealp.

Ein zierliches Gewächs mit dichter, winzige Blüten tragender Traube; auf beiden Heiden sehr zerstreut bis selten.

Jan
Feb
Mär
Apr
Mai
Jun
Jul
Aug
Sep
Okt
Nov
Dez

Steppen-Fenchel
Seseli annuum
Doldengewächse
(7-9), kont.

Die Pflanze ist zweijährig, blüht spät bis in den Herbst hinein und ist auf beiden Heiden nicht selten.

Jan
Feb
Mär
Apr
Mai
Jun
Jul
Aug
Sep
Okt
Nov
Dez

Silberdistel

Carlina acaulis — *Korbblütler* — *(7-9), praealp., smed.*

Die altbekannte Art mit weit ausgebreiteter Blattrosette und großen weißen Strahlenblüten wächst zerstreut auf unseren Heiden.

Jan
Feb
Mär
Apr
Mai
Jun
Jul
Aug
Sep
Okt
Nov
Dez

Deutscher Enzian

Gentianella germanica
Enzian-Gewächse
(8-9), praealp.

Auf den Heiden hat dieser Enzian von jeher seinen Platz; hier beobachtet man besonders üppige Exemplare. Ein Rekord: Eine einzige Pflanze wies 250 Einzelblüten auf.

Jan
Feb
Mär
Apr
Mai
Jun
Jul
Aug
Sep
Okt
Nov
Dez

Fransen-Enzian

Gentianella ciliata
Enzian-Gewächse
(8-10), praealp., smed.

Das tiefe Blau dieser Pflanze ist nicht zu übertreffen. Auch hier dient der Fluß als Brücke zwischen Alb und Alpen. Auf unseren beiden Heiden selten geworden.

Jan
Feb
Mär
Apr
Mai
Jun
Jul
Aug
Sep
Okt
Nov
Dez

Goldaster

Aster linosyris
Korbblütler
(8-9), kont.

Die Königsbrunner Heide weist eine der wenigen Fundorte in Südbayern auf. Sie schmückt mit ihren goldgelben Blüten die Heide bis in den Oktober. Die Art hat sich in letzter Zeit vermehrt.

Echter Steinsame (fruchtend)

Lithospermum officinale *Boretschgewächse* *(Blüte 6, Fruchtstand 10), euras.*

Selten am Auensaum

Jan
Feb
Mär
Apr
Mai
Jun
Jul
Aug
Sep
Okt
Nov
Dez

Die Zahlen hinter den Familiennamen der Schmetterlinge sollen die Monate der Hauptflugzeit angeben. Die Trennung der Flugzeit verschiedener Generationen ist, soweit die Generationen nicht ineinander übergehen, durch »u.« gekennzeichnet.

Schwalbenschwanz
Papilio machaon
Familie Ritterfalter

(4-5 u. 7-8)

Auf beiden Heiden in zwei Generationen nicht selten.

Aurorafalter
Antocharis cardamines
Familie Weißlinge

(4-5)

Als typischer Frühlingsfalter auf beiden Heiden beim Blütenbesuch häufig zu beobachten. (Nur das Männchen hat die typische Orangefärbung auf der Innenseite der Vorderflügel.)

Tintenfleck-Weißling (auch: Senfweißling)

Leptidea sinapis *Familie Weißlinge* *(5-6 u. 7-8)*

Auf beiden Heiden, vorwiegend an Waldsäumen.

Zitronenfalter

Gonepteryx rhamni
Familie Weißlinge

Die Raupe lebt in den angrenzenden Wäldern auf Faulbaum und Kreuzdorn. Der Falter (das Foto zeigt ein gerade geschlüpftes Weibchen) kommt zum Blütenbesuch gerne auf unsere Heiden. Der Schmetterling wird elf Monate alt; er überwintert völlig ungeschützt in lichten Wäldern und erscheint dann sehr früh (März/April) als »Frühlingsbote« auf unseren Heiden.

Weißklee-Gelbling
(auch: Goldene Acht)

Colias hyale *Familie Weißlinge* *(5-6 u.8-9)*

Der Falter wandert oft über weite Strecken. Er ist in stark wechselnder Häufigkeit von Jahr zu Jahr auf beiden Heiden anzutreffen.

Schachbrett

Melanargia galathea *Familie Augenfalter* *(7-8)*

Ein häufiger und geradezu typischer Falter unserer Heiden.

Blaukernauge

Minois dryas *Familie Augenfalter* (7-8---9)

Das landesweit stark gefährdete Blaukernauge hat seinen Verbreitungsschwerpunkt in voralpinen Mooren (»Filzteufel«). Als Relikt ehemals feuchter Heidebereiche zählt es zu den besonderen faunistischen Kostbarkeiten beider Heiden.

Kleines Wiesenvögelchen

Coenonympha pamphilus *Familie Augenfalter* (5-6 u. 7-8)

Auf beiden Heiden häufig.

Weißbindiges Wiesenvögelchen

Coenonympha arcania *Familie Augenfalter* *(6-7)*

Auf beiden Heiden vorwiegend im leicht verbuschten Saumbereich nicht selten.

Rotbraunes Wiesenvögelchen

Coenonympha glycerion
Familie Augenfalter

(6-7)

Als typische Art unserer Heiden nicht selten (hier auf einer Blüte des Kamm-Wachtelweizens ruhend).

Schornsteinfeger

Aphantopus hyperantus *Familie Augenfalter* (7)

Wohl der häufigste Falter auf unseren Heiden, vor allen im Saumbereich.

Graubindiger Mohrenfalter

Erebia aethiops *Familie Augenfalter* (7-8)

In von Jahr zu Jahr wechselnder Häufigkeit auf beiden Heiden und in angrenzenden lichten Wäldern.

Rundaugen-Mohrenfalter

Erebia medusa *Familie Augenfalter* (5-6)

Als typischer Frühlingsfalter auf beiden Heiden.

Kleiner Feuerfalter

Lycaena phlaeas

Familie Bläulinge

(5-9)

In den letzten Jahren auf beiden Heiden sehr selten geworden.

Nierenfleck-Zipfelfalter
Thecla betulae
Familie Bläulinge

(7-9)

In den letzten Jahren nur noch sehr selten auf den Heiden, vorwiegend im Saumbereich.

Kreuzdorn-Zipfelfalter (auch: Schlehen-Zipfelfalter)

Satyrium spini *Familie Bläulinge* *(6-7)*

Als Falter sonniger und geschützter Gebüsche sehr selten beim Blütenbesuch auf der Königsbrunner Heide.

Hauhechel-Bläuling

Polyommatus icarus *Familie Bläulinge*

(5-7 und 8)

Auf beiden Heiden in zwei Generationen häufig.

Himmelblauer Bläuling

Lysandra bellargus *Familie Bläulinge* *(5-6 u. 8--9)*

Nur das Männchen (Foto) ist »himmelblau«. Das Weibchen hat eine braune Grundfärbung. Als wärmeliebende Art sind die Raupen dieses Schmetterlings auf lückig bewachsene kiesige Bereiche angewiesen.

Silbergrüner Bläuling

Lysandra coridon *Familie Bläulinge* *(7-8)*

Ein typischer und häufiger Falter beider Heiden. Während beim Weibchen die bräunliche Grundfarbe überwiegt, ist das Männchen (Foto) matt blau.

Grüner Zipfelfalter (auch: Brombeer-Zipfelfalter)

Callophrys rubi *Familie Bläulinge* *(5-6)*

Ein Frühlingsfalter, der vor allem Trockenrasen und Moore bewohnt. Auf unseren Heiden ist er selten geworden.

Dunkler Wiesenknopf-Ameisenbläuling

Maculinea nausithous *Familie Bläulinge* (7-8)

Zählt als Faunenrelikt ehemals feuchter Bereiche unserer Heiden zu den besonders wertvollen Arten. Seine Entwicklung ist wegen der engen Bindung an Ameisen ökologisch sehr komplex. Dieser im Fortbestand stark gefährdeter Schmetterling ist wegen seiner europaweiten Bedeutung nach den FFH-Richtlinien der EU streng zu schützen!

Wachtelweizen-Scheckenfalter

Mellicta athalia *Familie Edelfalter* (6-7)

Auf beiden Heiden häufig.

Kleiner Perlmutterfalter

Issoria lathonia *Familie Edelfalter* *(5, selten, u. 6-7)*

Nur noch selten ist dieser Falter beim Blütenbesuch auf den Heiden zu beobachten. Die Raupen dieser Art leben auf dem Acker-Stiefmütterchen.

Landkärtchen

Araschnia levana *Familie Edelfalter* *(4-5 u. 7-8)*

Häufig vor allem an den Säumen der Heiden. Die Frühlingsform (Foto) unterscheidet sich deutlich von der völlig anders, nämlich überwiegend dunkelbraun gefärbten Sommerform (2. Generation): sog. Saisondimorphismus.

Feuriger Perlmutterfalter

Fabriciana adippe — *Familie Edelfalter* — (7)

Der größte Edelfalter unserer Heiden. Nicht häufig. Die Raupe lebt an Veilchen, vorwiegend am Rauhen Veilchen.

Distelfalter

Cynthia cardui — *Familie Edelfalter* — (5-6 u. 7-8)

In von Jahr zu Jahr stark schwankender Häufigkeit besonders an blütenreichen Regionen auf den Heiden. Kommt als »Wanderfalter« jährlich zu uns aus dem Mittelmeerraum, teils bis aus Afrika. Die 2. Generation, die sich bei uns entwickelt, kann in aller Regel den Winter in unseren Breiten nicht überleben.

Admiral

Vanessa atalanta
Familie Edelfalter

(5-6 u.7-9)

Ähnlich wie der Distelfalter ein »Wanderfalter«, der in wechselnder Häufigkeit jährlich aufs neue zu uns aus dem Mittelmeerraum zuwandert. Zum Teil wandern Falter der sich bei uns entwikkelnden 2. Generation im Herbst wieder in den Süden zurück, um im gemäßigten südeuropäischen Klima zu überwintern.

Kleiner Fuchs

Aglais urticae *Familie Edelfalter* (4 u. 6-8)

Als sog. Ubiquist, d. h. als Bewohner unterschiedlichster Naturräume, besucht dieser Schmetterling ähnlich wie das Tagpfauenauge (*Inachis io*) häufig die Blüten unserer Heiden.

Gemeines Blutströpfchen
Zygaena filipendulae
Familie Widderchen

(7-8)

(Bildausschnitt: frisch geschlüpft)

Auf beiden Heiden unser häufigstes Widderchen. Wegen seiner »Schreckfarben« Rot-Schwarz, mit denen es Freßfeinden, vor allem Vögeln, seine Ungenießbarkeit signalisiert, ist dieser tagaktive Nachtfalter sehr leicht zu entdecken.

Braune Tageule
Euclidia glyphica *Familie Eulenfalter* *(5-7)*

Eine, wie der Name sagt, ebenfalls tagaktive Nachtfalterart. In zwei Generationen auf beiden Heiden häufig.

Weißer Hartheuspanner

Siona lineata *Familie Spanner* (5-7)

Auf beiden Heiden nicht selten. Als tagaktive Nachtfalterart leicht zu entdecken.

Kleiner Weinschwärmer

Deilephila porcellus
Familie Schwärmer

(6-7)

Ein besonders farbenprächtiger Nachtfalter, der auf beiden Heiden vorkommt. Auf dem Foto frisch geschlüpftes Exemplar.

Raupe des Wolfsmilchschwärmers

Hyles euphorbiae *Familie Schwärmer*

Nur an sehr geschützten und warmen Stellen auf Wolfsmilchgewächsen. Im Gegensatz zu dem nur nachts fliegenden Schmetterling ist die Raupe wegen ihrer „Schreckfärbung" sehr leicht zu finden. In den letzten Jahren sehr selten geworden.

Heidegrashüpfer

Stenobothrus lineatus *Familie Feldheuschrecken*

Das Zirpen dieser Heuschreckenart ist typisch für die sommerlichen Heiden. Der Heidegrashüpfer ist hier nicht selten.

Schwarzfleckiger Grashüpfer
Stenobothrus nigromaculatus
Familie Feldheuschrecken

Nur noch an wenigen lückig bewachsenen Stellen der Königsbrunner Heide. Der Fortbestand dieser Art ist sehr bedroht. Das Foto zeigt ein Weibchen.

Späte Großstirnschwebfliege
Scaeva pyrastri

Viele Arten von Schwebfliegen - die Bestimmung bleibt meist Experten vorbehalten - erfüllen auf unseren Heiden wichtige ökologische Funktionen, z. B. die Bestäubung von Blüten.

Wespenspinne (auch: Zebraspinne)

Argyope bruennichi
Familie Radnetzspinnen

Wegen ihrer auffälligen »Schreckfarben« Schwarz-Gelb (Name!) leicht zu entdecken. Auf beiden Heiden nicht selten. Typisch ist das zickzackförmige weiße Band im Netz (auf dem Foto erkennbar). Die Art breitet sich in den letzten Jahren generell aus.

Veränderliche Krabbenspinne

Misumena vatia *Familie Krabbenspinnen*

Auf beiden Heiden häufig auf Blüten zu finden. Hier lauert die Art vorwiegend Bienen auf. Die Farbe der Weibchen variiert je nach Nahrungsaufnahme von weiß (Foto) über Blaßgrün zu Gelb. Je nach der Färbung suchen sich die Weibchen entsprechend gefärbte, d. h. zur Tarnung geeignete Blüten als Ansitz aus.

Feld-Sandlaufkäfer

Cicindela campestris *Familie Laufkäfer*

Auf der Königsbrunner Heide von April bis September, nicht häufig. Die Art liebt trockene, warme Bereiche.

Roter Halsbock (auch: Rothalsbock)

Leptura rubra *Familie Bockkäfer*

Von Juni bis September auf beiden Heiden, vorwiegend auf Blüten, häufig.

Blattkäfer auf Blütenknospe des Weidenblättrigen Ochsenauges

Wie dieser Blattkäfer sind viele Insektenarten nur durch Experten zu bestimmen. Die Artenzahl der Insekten unserer Heiden ist immens, gerade auch die der Käfer. Eine wissenschaftliche entsprechende Untersuchung sollte gerade aus naturschutzfachlichen Gründen dringend und bald erfolgen! (Vgl. dazu auch die folgende Abbildung.)

Blüten sind Treffpunkt vieler Kleintiere

Hier haben sich auf einer Blüte des Klebrigen Leins neben einer Krabbenspinne auch zwei Blattwespen eingefunden. Verschiedene Wespen-, Bienen- und Ameisenarten sind aufgrund ihrer Verhaltensmuster äußerst interessante Kleintiere, nicht nur für Wissenschaftler! Darüberhinaus erfüllen sie vielfältige und unverzichtbare Funktionen für die sehr komplexe Ökologie unserer Heiden.

Wald-Wiesenvögelchen

Coenonympha hero — *Familie Augenfalter* — *(6)*

Nur noch sehr selten auf der Kissinger Heide, vorwiegend in leicht verbuschten Saumbereichen. Diese stark gefährdete Art ist wegen ihrer europaweiten Bedeutung nach den FFH-Richtlinien der EU streng zu schützen!

An trocken-warmen Stellen sonnt sich auf der Königsbrunner Heide die **Schlingnatter** (*Coronella austriaca*).

Literatur

Bauer, U. (1995): Vorkommen und Schutz von Schlangen im Raum Augsburg. Ber. Naturwiss. Ver. Schwaben 99: 74-84

Bresinsky, A. (1962): Wald und Heide vor den Toren Augsburgs. Jb. Ver. z. Schutze der Alpenpflanzen und -tiere 32: 125-141

Geh, G. (1995): Beobachtungen am Ameisenbläuling *Maculinea nausithous* auf Lechheiden. Ber. Naturwiss. Ver. Schwaben 99: 37-45

Haberl, M. (1971): Dipl.-Arbeit, TH München: Landschaftsplan für die Kissinger Heide und Umgebung

Hiemeyer, F. (1967): Nochmals die Königsbrunner Heide. Ber. Naturwiss. Ver. Schwaben 71(1): 69-73

Hiemeyer, F. (1975): Die Flora der Heidefläche bei Neukissing. Ber. Bayer. Bot. Ges. 46: 87-91

Hiemeyer, F. (1978): Flora von Augsburg. Ber. Naturwiss. Ver. Schwaben. Sonderband

Hiemeyer, F. (1984): Flora von Augsburg, Nachtrag. Ber. Naturwiss. Ver. Schwaben. Sonderband

Hiemeyer, F. (1990): Floristische Unterschiede auf den Halbtrockenrasen in der Lech-Wertachebene um Augsburg. Ber. Naturwiss. Ver. Schwaben 94: 40-48

Hiemeyer, F. (1996): Königsbrunner Heide und Garchinger Heide - ein Vergleich. Ber. Bayer. Bot. Ges. 66/67: 219-228

Lüttge, M. (1967): Zur Flora der Königsbrunner Heide. Ber. Naturwiss. Ver. Schwaben 71: 5-13

Müller, N. (2000): Wald und Heide vor den Toren Augsburgs - zur Bestandssituation der Königsbrunner Heide. Hoppea, Denkschr. Regensb. Bot. Ges. (Bresinsky Festschrift) 61: 623-641

Müller, R. (1979): Beobachtungen eines Entomologen im Naturschutzgebiet. Unveröffentlicht

Oblinger, H. (1994): Es grünt und blüht in Schwaben. Ber. Naturwiss. Ver. Schwaben. Sonderband

Pfeuffer, E. (1991): Die Bestandsentwicklung der Tagfalterfauna im Naturschutzgebiet »Stadtwald Augsburg« von 1946-1990. Ber. Naturwiss. Ver. Schwaben 95: 66-77

Pfeuffer, E. (1996): Bestandsentwicklung der Tagfalterfauna am Unteren Lech seit 100 Jahren. Der Wandel einer Flußlandschaft und seine Folgen. Jb. Ver. z. Schutz der Bergwelt 61: 13-40

Rothmaler, W. (1986): Exkursionsflora, Kritischer Band. Berlin

Bildnachweis

Fotos Fritz Hiemeyer, ausgenommen:

Bayerisches Landesvermessungsamt: S. 18⇧, 19⇧

G. Geh: S. 41⇩, 45⇧, 46⇧, 47⇩, 50⇩, 52⇩, 53⇩, 56⇩, 57⇧, 63⇩, 64⇧, 66⇧, 68⇧, 71⇧, 76⇩, 78⇧, 80⇩, Buchumschlag beidseits große Bilder

S. Hagspiel: S. 35 Detail

E. Miller: S. 77 Detail

J. Miller: S. 50⇧, 77 Detail, 86⇩

A. Neff: S. 15, 16

E. Pfeuffer: S. 1, 9, 27, 28, 29, 30⇧, 31⇩, 36⇧⇩, 37⇩, 39⇩, 59⇩, 60⇧, 73⇧, 85⇧, 88-109

A. Teichner: S. 18⇩, 19⇩

B. Uffinger: S. 65⇩, 60⇩, 84⇧